Faire payer votre appareil photo

Frederick C. Davis

Writat

Cette édition parue en 2023

ISBN : 9789359251257

Publié par
Writat
email : info@writat.com

Selon les informations que nous détenons, ce livre est dans le domaine public.
Ce livre est la reproduction d'un ouvrage historique important. Alpha Editions
utilise la meilleure technologie pour reproduire un travail historique de la même
manière qu'il a été publié pour la première fois afin de préserver son caractère
original. Toute marque ou numéro vu est laissé intentionnellement pour préserver
sa vraie forme.

Contenu

DE QUOI S'AGIT-IL

D'où viennent les milliers de photographies utilisées chaque mois par les journaux et magazines ?

Plus encore, d'où viennent les photographies qui sont utilisées par les créateurs de calendriers, de cartes postales, pour la publicité et pour illustrer des livres, des histoires et des articles ?

À première vue, la réponse est : « Des photographes professionnels et des éditeurs de services photo. » Mais les photographes professionnels ne produisent pas un tiers des photographies utilisées, et les services photo des éditeurs sont fournis par le même grand nombre de caméramans qui fournissent aux publications la plupart de leurs tirages.

Nul ne peut nier que la plupart des tirages publiés sont achetés à des photographes amateurs dans des villes pas plus grandes que la moyenne, et parfois plus petites.

Le caméraman n'a pas besoin de monter à bord d'un dirigeable et de s'envoler pour l'Afrique pour produire des photographies qui se vendront. Lisez ce que dit Waldon Fawcett, lui-même qui réussit à vendre ses photographies :

"Le photographe a tendance à penser que toutes ses ambitions se réaliseraient s'il pouvait voyager vers des rivages étrangers ou dans des coins éloignés de notre pays ; ou s'il pouvait assister aux événements spectaculaires qui attirent de temps en temps l'attention du monde . *est une illusion. Le véritable triomphe est celui du photographe qui utilise le matériel disponible dans son propre quartier, qu'il soit grand ou petit.* "

De plus, il n'est pas nécessaire d'être un photographe expert pour réussir son travail. Voici ce qu'un éminent écrivain en dit :

"Les exigences du domaine sont tout à fait à la portée des capacités même du débutant en photographie, à savoir la capacité de réaliser de bons négatifs et de bons tirages, la capacité de reconnaître la valeur de l'actualité et un plan méthodique pour trouver le marché où les tirages " L'homme ou la femme qui peut répondre à ces exigences devrait connaître un certain succès dès le début et ouvrira rapidement de nouvelles voies de travail spécial et de profit. "

En bref, la capacité à faire des métaphores, à créer de jolies héroïnes ou autre n'est pas du tout nécessaire pour réussir à vendre des photographies aux publications.

Le terrain est-il surpeuplé ? *Non.* S'il y avait dix fois plus de personnes engagées dans le travail , elles pourraient toutes s'occuper.

Le champ : quelle est sa largeur ? Sortez votre carte du monde. Le champ permettant de *réaliser* des photographies s'étend de la marge supérieure vers le bas et de gauche à droite. Le domaine de *la vente* de photographies — ce qui est plus pertinent — s'étend sur environ cinq mille publications utilisant des tirages ; sans parler de quelques dizaines d'autres marchés.

Les marchés peuvent être classés brièvement :

- (1) Journaux

- (2) Revues

- (3) Créateurs de cartes postales

- (4) Créateurs de calendriers

- (5) Producteurs d'études d'art

- (6) Illustrations pour livres.

- (7) Illustrations d'articles

- (8) Impressions publicitaires.

Et il y en a d'autres, des branches plus spécialisées .

Et comment ça paie ? Veuillez noter : « Un certain magazine a payé un jour 100 $ pour quatre tirages de cadrans solaires. Un amateur, qui se trouvait sur place avec un Kodak, a gagné plus de 200 $ grâce à une collision frontale avec un chemin de fer. Un professionnel de New York a gagné 125 $ grâce à l'utilisation dans les journaux d'une fête de mariage, d'une importance locale considérable, qui quittait l'église après la cérémonie. Un amateur " a gagné 300 $ par an pendant deux ou trois ans grâce à un cliché chanceux de huit lapins de compagnie d'affilée".

Une série de photographies du pôle Sud a rapporté 3 000 $ de *Leslie* et 1 000 $ de plus de l'International Feature Service. Mais il s'agit là de cas tout à fait exceptionnels. Le tirage moyen se vend environ trois dollars. Mais il n'y a absolument rien au monde qui empêche une personne éveillée possédant un appareil photo de gagner entre plusieurs centaines et plus de 3 000 dollars par an grâce à ses tirages. S'il devient spécialiste, il peut gagner jusqu'à 5 000 $, voire plus.

Aucune discrimination n'est faite entre les photographes de presse. Celui qui « livre la marchandise » gagne.

Cependant, je ne veux pas dire que les prix d'environ 200 $ pour les impressions doivent être considérés comme les prix habituellement payés. Je ne prétends pas qu'une fortune attend l'homme à l'appareil photo ; mais je dis qu'il existe des possibilités illimitées pour les photographies vendables et un nombre presque illimité de marchés pour celles-ci. Mais il n'y a pas de « barils d'argent » dedans, pour autant. Une personne peut augmenter sensiblement ses revenus pour avoir vendu des photographies ; et ayant développé le commerce à un haut degré, il peut encaisser des chèques d'un montant de 5 000 $ ou plus par an. Mais pas tout le monde . Juste un peu. Et ce n'est pas comme le rondin qui tombe. C'est du travail, du travail dur, *du travail dur* .

Le succès dans la vente de photographies de presse ne dépend pas de la taille de la ville dans laquelle vous vivez, du coût ou de la fabrication de votre appareil, ni de vos capacités littéraires. Cela dépend de vous et de votre culte des dieux du succès si vous vendez des photographies. Le don de ces dieux est la capacité de faire le bien.

LES OUTILS DU MÉTIER

Vous êtes-vous déjà réveillé au milieu d'une nuit lugubre, possédé corps et âme par un grand désir - un désir incontrôlable, omniprésent, dévorant et exaspérant qui ne connaît aucune satisfaction - le désir d'un nouvel appareil photo ou d'un meilleur objectif ? ? C'est une sensation plus déconcertante que celle du père qui est détecté par son petit fils en train de piller la banque de ce dernier pour acheter une voiture. Jamais je ne serais assez imprudent pour cultiver ce désir chez qui que ce soit ; c'est pour cette raison que je n'entre pas ici en profondeur dans une discussion sur le meilleur type d'appareil photo pour la photographie de presse ! À moins que l'appareil photo que vous possédez actuellement soit d'une qualité désespérément médiocre, il fera très bien l'affaire.

Un appareil photo reflex est bien sûr l'instrument idéal à cet effet, car une mise au point précise est si simple et si nécessaire. Les vitesses élevées de l'obturateur à plan focal intégré à un tel appareil photo seront rarement utilisées par l'utilisateur moyen ; mais ses autres caractéristiques sont admirables.

Cependant, l'appareil photo portatif pliable est suprême. Il est si léger qu'il peut être porté longtemps sans fatigue ; l'utilisateur de l'un d'entre eux est discret lors des prises de vue ; le coût de fonctionnement ainsi que la dépense initiale sont relativement faibles — et il y a plusieurs dizaines d'autres avantages en sa faveur, y compris sa plus grande profondeur de champ, qui est le plus important.

L'objectif est le cœur de l'appareil photo, et certains appareils photo ont des « problèmes cardiaques ». Si vous avez sérieusement l'intention de commercialiser des photographies, vous devez posséder un objectif anastigmat ; pas forcément un objectif F/4,5, ni même un objectif F/6,3 s'il est trop cher ; dans ce cas, un objectif F/7,5 fera très bien l'affaire. Un anastigmat F/7,5 est légèrement plus lent qu'un diaphragme rapide-rectiligne d'ouverture US4 ; mais son excellence réside dans sa capacité - comme pour tous les anastigmates - à former des images d'une netteté exceptionnelle, ce qui est une condition essentielle d'une impression destinée à orner une page d'un périodique. Un objectif rectiligne rapide fera très bien l'affaire si vous êtes toujours assuré du soleil ou de nuages brillants pour fournir la lumière d'exposition - et dans de telles conditions, même un objectif mono-achromatique modeste suffira.

Maintenant, vous voyez, j'ai convenu que pratiquement tous les objectifs qui formeront une image nette répondront aux exigences. En effet, pour paraphraser Lincoln : « Pour le genre de chose qu'un objectif est destiné à faire, je dirais que c'est juste l'objectif qui le fait. » En d'autres termes, chaque objectif a ses limites et ses capacités très clairement définies ; et ces limites, l'utilisateur doit les connaître et les apprécier.

Et le volet ; c'est une folie de mettre un mauvais objectif dans un bon obturateur, et tout aussi absurde de faire le contraire. Un obturateur coûteux à vitesse élevée ne peut être utilisé avec succès qu'avec un objectif capable d'une grande ouverture, sinon une sous-exposition en résultera. Une vitesse de 1/300 seconde est la plus élevée disponible dans un obturateur intermédiaire ordinaire, et elle est suffisante pour presque tout.

Les vitesses plus lentes, comme un cinquième, une demi et une seconde, sont à mon avis plus utilisables que les vitesses extrêmement rapides. Des vitesses variant d'une seconde à 1/300 de seconde sont incarnées dans deux obturateurs bien connus : l' Optimo et l'Ilex Acme. L'un est à égalité avec l'autre. Mais aucun obturateur de cette qualité n'est nécessaire à moins que les vitesses élevées ne soient nécessaires à l'utilisateur, car les vitesses plus lentes peuvent être indiquées avec l'indicateur en B. Mais ça suffit ! Ceci n'est pas un manuel sur les éléments de la photographie.

Les exigences de l'appareil à utiliser pour la photographie de presse sont que l'objectif produise une image nette et claire, que l'obturateur fonctionne avec précision et que le tout soit mis en œuvre rapidement.

J'ai utilisé toutes sortes d'appareils photo ; reflex, vue 8×10, vue 5×7, appareils photo manuels à objectifs anastigmats, rapides-rectilignes et simples, et appareils photo boîtiers, et ils sont tous entièrement satisfaisants « pour les choses pour lesquelles ils sont destinés à faire ».

L'appareil photo que j'ai le plus utilisé et qui est mon préféré est un Kodak pliable, qui fait des photos de 3¼ sur 4¼, et est équipé d'un Ilex Anastigmat fonctionnant à F/6,3, dans un obturateur Ilex Acme. À cela, j'ai ajouté un viseur direct pour des raisons évidentes pour quiconque a essayé de photographier des sujets à grande vitesse en jetant un coup d'œil dans le petit viseur réfléchissant. Cet appareil photo m'a admirablement servi pour les intérieurs, les lampes de poche, l'extérieur, le travail à grande vitesse, les portraits et tout ce à quoi je l'ai appliqué. Votre propre caméra devrait faire la même chose pour vous.

Un photographe apprend à connaître son appareil photo comme une mère connaît son bébé – et s'il ne le fait pas , il n'aura pas plus de succès que la mère qui ne comprend pas son enfant. Le caméraman doit oublier les prétentions des fabricants et juger son outil par son expérience ; il doit ignorer la majeure partie de la théorie et s'appuyer entièrement sur la pratique. Bref, il doit connaître son appareil photo par cœur, ce qu'il fera et ce qu'il ne fera pas ; tout doit être à portée de main, prêt à être utilisé instantanément.

À cela s'ajoute la nécessité de pouvoir produire, parfois, dans l'heure qui suit l'exposition, des impressions nettes, nettes et étincelantes.

Après tout, le photographe de presse n'exige pas plus de qualifications que la plupart des autres photographes. Il devra peut-être travailler comme un éclair, casser son volet littéralement sous les sabots des chevaux de course, se précipiter hors d'un lit chaud et douillet dans une nuit froide et sombre, mais « tout est dans le jeu ». Si l'un des anciens photographes de presse menait la vie d'un homme d'affaires ordinaire, il mourrait d'ennui. Lorsque le caméraman réalise des photographies pour des éditeurs, c'est en toute simplicité, et plus tard, en espèces.

C'est la vie passionnante d'un journaliste qui ne dort jamais, avec un appareil photo à gérer au lieu d'un crayon.

QUE PHOTOGRAPHIER

Si vous souhaitez une richesse immédiate , il vous suffit de localiser plusieurs poches de pétrole et de creuser dedans. De même, si vous aspirez au succès dans le marketing photographique, il vous suffit de découvrir les besoins des éditeurs et de les satisfaire. Mais même s'il n'existe pas beaucoup plus de poches de pétrole disponibles, il existe de nombreux rédacteurs et d'innombrables besoins éditoriaux.

Il serait aussi absurde pour moi de tenter d'indiquer précisément ce qu'il faut photographier que de faire un point de crayon sur une carte et de dire : « Il y a une poche à huile, va creuser dedans ». La seule façon de découvrir les besoins des rédacteurs et de les satisfaire est de développer un « nez pour l'actualité ».

Un « nez pour l'actualité » est simplement la capacité de déterminer la valeur d'une certaine photographie pour un certain éditeur. Les différentes manières d'acquérir cette capacité très nécessaire sont : (*a*) l'expérience, qui prend le plus de temps et est la plus difficile ; (*b*) en examinant la nature des photographies déjà vendues à des publications et imprimées dans celles-ci, ce qui est moins difficile et tout aussi efficace ; et (*c*) par une étude minutieuse des besoins éditoriaux dominants et des demandes du marché, ce qui constitue la meilleure méthode de toutes.

Pour réussir, mélangez soigneusement des quantités généreuses de (*a*), (*b*) et (*c*).

Rares sont ceux, hormis les grands journaux métropolitains, qui emploient des photographes ; et si un plus petit photographe le fait, le photographe est généralement un journaliste qui a en outre beaucoup de gribouillage à faire. Lorsque la plupart des journaux exigent une photographie de quelque chose de local, le rédacteur en chef de la ville téléphone à un photographe commercial et lui dit de « l'obtenir ». Là-dessus, le photographe commercial emballe sa tenue de quarante livres, sort la chercher.

Cependant, bon nombre de sujets ne présentent pas un intérêt suffisant pour que la rédaction de la ville envoie un photographe commercial pour les obtenir ; mais si des photographies de ces mêmes sujets lui étaient apportées spontanément, il en verrait immédiatement la valeur et les achèterait. C'est le plus grand avantage du photographe indépendant auprès des journaux.

Si le photographe de presse veut suivre cette tactique, il peut en tirer profit, même dans une très grande ville ; car les photographes du personnel vont là où les rédacteurs municipaux leur disent d'aller, et les rédacteurs municipaux ont beaucoup de choses à penser.

Les types de sujets achetés par les journaux à des photographes indépendants sont ceux d'intérêt local, apportés au bureau alors que l'intérêt qu'ils suscitent est encore vif. Un grand nombre de ces sujets sont disponibles quotidiennement. Le photographe de presse peut glaner ses conseils dans un journal du matin et vendre ses tirages à un journal du soir. Lorsqu'il devient suffisamment connu, il peut être sollicité et dépêché après une photographie au même titre que le photographe commercial. Mais il doit d'abord impressionner l'esprit éditorial en lui donnant, sans qu'on lui demande, exactement le genre de chose qu'il souhaite.

Le photographe indépendant devrait voir des possibilités dans de nombreux sujets :

- Un bâtiment public brûle.

- Une première pierre est posée.

- Un alambic illicite est découvert.

- Un nouveau bâtiment est érigé.

- Un meurtre survient.

- Un nouveau camion de pompiers est acheté.

- Le gouverneur arrive en ville.

- Josh Jones trouve un œuf de poule trois fois plus gros que la normale.

- Un parc est amélioré.

- Le premier match de baseball est joué.

- Le voleur de la poste est arrêté.

- I. Wright, le nouveau livre de l'auteur local, est publié.

- L'inventeur local invente à nouveau.

Chacune de ces suggestions offre des possibilités de photographies utiles à un journal ; et bien d'autres événements sont tout aussi prometteurs.

Les types de photographies utilisées par les fabricants de cartes postales sont connus de presque tout le monde . Les sujets vont des bâtiments célèbres et des monuments historiques aux images artistiques d'intérêt humain telles qu'un petit chaton dormant avec ses pattes emmêlées dans un labyrinthe de fils avec lequel il joue.

À ce stade, fusionnez les demandes des créateurs de calendriers. Ils utilisent le type d'intérêt humain et courent vers des paysages, des marines et des portraits de jolies filles. Habituellement, la demande des créateurs de cartes postales et de calendriers est que l'image raconte une histoire. S'il peut être utilisé sans légende explicative, tant mieux. Pour un exemple d'histoire racontée en images, jetez un coup d'œil à presque toutes les couvertures du *Saturday Evening Post* et notez à quel point la situation dans son ensemble est rendue claire sans un seul mot d'explication. C'est ce genre de photographie que recherchent les créateurs de cartes postales et de calendriers. Si vous jetez un coup d'œil aux illustrations de cartes postales et de calendriers que vous avez sous la main, vous verrez facilement les types de photographies utilisés.

Parfois, les éditeurs de livres lancent des appels pour obtenir des types particuliers de photographies dont ils ont besoin pour préparer certains livres. Dans ce cas, ils font généralement de la publicité dans un magazine approprié et mentionnent le type de photographie qu'ils souhaitent ; par exemple, des tirages historiques si une histoire est en préparation. La variété illimitée des livres publiés appelle une variété illimitée de photographies. Certains éditeurs de services photo se font un devoir de fournir aux éditeurs les photographies qu'ils souhaitent ; mais cela ne nuit pas aux perspectives des indépendants, car les services photographiques doivent obtenir des photographies de toutes sortes de toutes les sources et doivent disposer d'un plus grand nombre et d'une plus grande variété de tirages que ce qu'un magazine ou un éditeur pourrait éventuellement utiliser. . Ainsi, en fait, le photographe de presse a un marché accru.

Le plus grand domaine pour le photographe indépendant qu'il me reste pour la fin ; c'est-à-dire les magazines. Il existe tellement de magazines et une telle variété que presque tous les imprimés, même s'ils présentent un quelconque intérêt, devraient trouver leur place dans l'un d'entre eux. Outre les grands magazines, il existe de nombreux petits magazines ; ceux qui se consacrent à presque toutes les vocations imaginables, et d'autres à presque tous les intérêts ou passe-temps.

Outre les publications destinées au grand public, il existe des magazines publiés uniquement pour les annonceurs, les architectes, les agents immobiliers, les automobilistes, les boulangers, les confiseurs, les cimentiers, les pharmacies, les marchands de produits de mercerie, les électriciens, les ingénieurs. , mineurs, banquiers, financiers, confrères, marchands de meubles, meuniers, épiciers, quincailliers, historiens, hôteliers, restaurateurs, bijoutiers, syndiqués, avocats, agents d'assurances, militaires, marins, municipaux. ouvriers, imprimeurs, éditeurs, cheminots, magiciens, éleveurs de renards, forgerons, fruiticulteurs, entrepreneurs de pompes funèbres, collectionneurs de timbres et bien d'autres, sans parler des près de deux mille orgues de maison publiés par les fabricants comme littérature de promotion des ventes. ou au profit de leurs salariés. Et chacun d'eux utilise des photographies occasionnellement, voire régulièrement. Le photographe n'a pas à déplorer le manque de marchés suffisants pour ses photographies.

La plus grande influence sur le développement d'un « nez pour l'information » est de lui donner plusieurs bouffées d'information. Un photographe peut « photographier » — un photographe professionnel ne photographie jamais — il photographie — il peut photographier et photographier, et se voir restituer chacune de ses photographies comme étant inutiles à la publication — mais pas s'il découvre d'abord ce qu'il faut photographier et ce qu'il ne faut pas photographier.

Pour y parvenir, j'ai sélectionné, au hasard, des numéros de trois magazines dont les sections illustrées contiennent des tirages qui sont, en gros, exactement le genre de photographies que produit le photographe d'une ville moyenne. Les magazines sont *Popular Science* , *Illustrated World* et *Popular Mechanics* ; malgré leurs noms, ces magazines publient des photographies d'une portée très générale, plus générale qu'on ne le suppose. J'ai sélectionné uniquement des photographies avec de courtes légendes ou celles avec des articles explicatifs ne dépassant pas environ deux cents mots.

En *Science Populaire* je trouve :

- Un appartement-maison pour les plantes.

- Un hôpital sur roues.

- La cueillette des pommes de terre en toute simplicité.

- Ce gouvernail fait se comporter le bateau.

- Une nouvelle lumière pour le photographe.

- Il porte une vitrine.

- Un talon en caoutchouc avec du bruit.

- Traire les vaches à l'électricité.

- Ancrage de briques sur le côté d'une maison.

- Esquisser sur un champignon, le passe-temps d'un artiste.

- Échantillonnage du sol.

- Rendre la destruction de la maison facile.

- Une machine qui récolte les graines de trèfle cramoisi.

- Des protège-roues qui sauvent des vies.

- Travailler en toute sécurité sur les lignes à haute tension.

- Un lac qui a une croûte de sel.

- Frappez vos votes.

- Votre argent est en sécurité dans ce réservoir bancaire.

Dans *Monde Illustré* :

- Fauteuil roulant motorisé pour invalides.

- Whirr of Motors remplace Song of Cotton-Pickers.

- Comment voyagent les aristocrates de Dogdom.

- Effectuer une cérémonie de mariage dans une station-service de pétrole.

- Camions-moteurs ferroviaires pour l'utilisation des routes d'intérêt local.

- Fini les maux de dos causés par la tondeuse à gazon.

- Nouvel arrangement de tuyaux d'air pour les établis.

- Le plus grand tank à lait du monde.

- Repose-pieds confortable pour un siège rustique.

- Un chien blessé dans un accident de voiture porte une jambe en bois.

- Les tramways adoptent le système « Pay-As-You-Leave ».

- Balances de dentistes pour peser le mercure.

- Le jouet facilite l'orthographe pour les enfants.

- Petit chéquier dans un étui argenté.

- Un immeuble de neuf étages s'effondre.

- Boîte aux lettres itinérante sur voiture interurbaine.

- Méthode astucieuse de publicité pour le parfum.

- Fait un costume à partir de timbres.

- Les filles Wellesley ont un « placard à éternuements ».

- Élever des poulets sur un porche arrière.

En *Mécanique Populaire* :

- Le propriétaire de mains artificielles est fier de sa dextérité.

- Robes funéraires impérissables présentées sur des modèles vivants.

- Le panneau de fenêtre fantaisie épelle des mots avec des flocons de neige.

- Imposant nouveau pont à Jacksonville.

- Street-Sign appelle à l'aide si des voleurs envahissent le magasin.

- Cabane en rondins de nouveau style construite comme une palissade.

- Les vignes couvrent entièrement les immeubles de bureaux.

- Les belles stalagmites de glace sont des farces de Jack Frost.

- Les sculptures en bois uniques sont le travail d'une décennie.

- Le camion-entrepôt électrique effectue des tâches lourdes.

- Un cric hydraulique déchire les traces des tramways.

- Le planteur d'oignons Man-Power définit un acre par jour.

- Des images grotesques récompensent les gagnants des courses de moto.

- Weak Derrick commence les travaux de construction en acier.

- Les piliers forestiers en béton sont utilisés dans l'industrie du bois.

- La plus grande horloge du monde maintient une heure précise.

- Visage grotesque sur Auto annonce le carnaval.

- River-Bed s'avère être une riche mine de charbon.

- Sorties de formes étranges conçues pour l'irrigation.

- Parc-aire de jeux insolite construit en forme de cirque.

- Le vase géant, ornement de pelouse, est fait de béton.

- Ancien silo dans le petit magasin de Railroad-Yard Houses.

- La rue monte si brusquement que quatre volées de marches sont nécessaires.

- L'Église utilise un panneau d'affichage pour « vendre » des Écritures.

Cette grande variété de sujets ne peut que montrer que même dans les très petites villes, il existe de nombreuses possibilités d'images vendables. De plus, il existe des marchés pour les impressions de :

Statues

Forgerons

Plantes lumineuses de ferme

Mouton

Paysages

Peintures

Têtes de filles

Bâtiments agricoles

Nouvelles inventions

Nouvelles réalisations

Jeu en direct

Oiseaux en vol

Arts industriels

Champs de céréales

Vues sur le désert

Animaux domestiques

la volaille

Ports

Méthodes de garage

Chemin de fer

Construction en béton

Fleurs

Appareils électriques

Lauréats bétail

Musées d'art

Scènes de ferme

Décorations murales

Paysages marins

Opérations de jardinage

Décorations d'intérieur

Dessins

Scènes de camping

Animaux sauvages piégés

Monstres

Bétail

Vergers

Des plans pour gagner du temps

Progrès social

Modes

Quais

Départements de peinture

Moulins

De nouvelles banques

Grands domaines

Équipement d'usine

Vitrines d'exposition

Vitrines de magasins

motocyclettes

Intérêt économique

Bonnes et mauvaises routes

Bateaux à moteur	Méthodes de pulvérisation
Œuvre musicale	Présentoirs de comptoir
Usines de chaussures	Dynamitage
Chiens de récompense	Jardinage paysager
Yachts	Des sports

Si vous habitez dans une grande ville , vous avez la possibilité supplémentaire d'obtenir des photographies telles que celles publiées dans le *Mid-Week Pictorial* et l' *Illustrated Review* , ainsi que dans certains des grands magazines nationaux et dans les sections héliogravure des principaux journaux du dimanche. . Même si la grande ville offre davantage de possibilités pour photographier des célébrités et autres, la concurrence est forte. Le photographe d'une ville de taille moyenne n'a peut-être pas souvent l'occasion de photographier des personnalités renommées ; mais il a bien d'autres chances d'obtenir des photographies vendables, ce qui égalise les choses.

Parfois, une personnalité notable vient en ville ; mais je n'oserais pas plus vous dire de camper ici sur sa trace que j'oserais dire à un chasseur de canards : « Pardonnez-moi, mon vieux, mais vous feriez mieux d'appuyer sur la gâchette. Il y a un oiseau là où vous êtes. » J'ai pointé votre arme.

CE QU'IL NE FAUT PAS PHOTOGRAPHIER

Savoir *quoi* photographier n'est pas plus important que savoir *quoi ne pas* photographier. Je ne peux pas vous montrer si facilement par l'exemple le genre de photographies que les éditeurs n'achèteront pas ; car une recherche dans un certain nombre de magazines ne permettra pas de découvrir de tels exemples.

L'expérience est une école coûteuse ; mais, parfois, les autres sont fermés faute de fréquentation. Il semblerait que lorsque vous apprenez *quoi* photographier, vous devriez automatiquement apprendre *ce qu'il ne faut pas* photographier ; et, en effet, vous devriez le faire ; mais ce n'est pas le cas. Cependant, il existe une autre manière. Après avoir envoyé une photographie à une vingtaine de publications, et après que la photographie ait été renvoyée par la même vingtaine de publications, vous pouvez dire en toute honnêteté : « Eh bien, j'ai découvert une chose dont ces éditeurs ne veulent pas.

Les éditeurs ont des raisons très claires pour lesquelles ils n'achètent pas certains types de photographies. L'éditeur est là pour produire une publication vivante, actuelle et insolite. Il n'achète que des photographies vivantes, actuelles et insolites. Quoi de plus simple ?

Les publications ne veulent pas de photographies similaires à d'autres photographies qu'elles ont déjà imprimées. La raison est évidente. Pour prendre un exemple de mes débuts : un marchand de chaussures, pour une publicité, a placé une énorme paire de chaussures, pointure 35, dans sa vitrine. J'ai saisi l'opportunité de réaliser une photographie vendable. Il s'est vendu ; mais pas à *Popular Mechanics* , car l'éditeur a écrit qu'il ne pouvait pas l'utiliser parce qu'il avait imprimé, plusieurs mois auparavant, une photo d'une énorme paire de chaussures confectionnée pour un employé de cirque. Par conséquent, le sujet de votre photographie peut être exactement ce que l'éditeur souhaiterait si ses exigences n'avaient pas déjà été satisfaites. Par conséquent, étudiez les photographies qui ont été imprimées et réalisez-en de nouvelles et de meilleure qualité.

Lorsque le roi d'Angleterre vient en ville, il peut être très bien de lui ordonner de rester immobile, d'avoir l'air sérieux ou de sourire, car une photo de lui dans cette pose peut être littéralement « mangée » par les journaux locaux ; mais un hebdomadaire national, comme *Collier's* , exige quelque chose de différent. Les photographies posées sont à prix réduit. Ce sont trop clairement des « images d'hommes se faisant faire leurs images ». Ce qu'il faut, c'est la vie et l'action. Il n'est pas nécessaire de demander au Roi de se mettre sur la tête. Demandez-lui de serrer la main du chef de la police ; ou laissez-le faire autre chose qui montre qu'il a le pouvoir d'agir.

Sur une précieuse fiche de refus préparée par un magazine national, sont donnés des exemples de « ce que nous voulons et ce que nous ne voulons pas ». Sous une photographie du sénateur Johnson le poing levé, comme s'il voulait souligner un point de son discours, est imprimé : « Ici, le poing levé fait l'affaire – fait l'action, la vie – et transforme ce qui ne serait autrement qu'une simple image de Le sénateur Johnson dans une image frappante et saisissante. »

Mais si une photographie est suffisamment inhabituelle, elle peut être sans vie et pourtant se vendre, même si elle gagne matériellement par une démonstration d'action. Sous une photographie d'un sous-marin flottant, le bulletin de refus indique : « Aucune action ici ; mais on peut affirmer sans se tromper que peu de lecteurs de ce magazine ont ignoré celui-ci lors de sa parution. Les sous-marins sont courants aujourd'hui ; mais pas du genre que porter d'énormes canons de douze pouces. De même sous une photographie de trois hommes alignés et regardant avec un "où est l'oiseau ?" » expression devant la caméra, la légende est : « Une image posée et, comme c'est l'habitude dans de telles circonstances, une image morte. Nous l'avons utilisée parce qu'une histoire centrée sur ces hommes était singulièrement intéressante et attirait un large public en Amérique. Mais aussi extraordinaire qu'une photographie soit, elle gagne cent fois à montrer des signes de *vie*.

Il est vrai qu'une image « morte » peut se vendre ; mais une photo réelle se vendra plus rapidement, et le travail du photographe sera plus demandé, et le chèque qui en résultera sera plus important, beaucoup plus important.

Si vous photographiez un bâtiment, même par exemple un nouvel arsenal, vous ne la vendrez jamais à une publication telle que la roto-section du New York *Times*. Le bulletin de refus indique, sous une telle image : "Il n'y a même pas un être humain à l'intérieur pour atténuer la sévérité des lignes dures du bâtiment et l'étendue d'eau plate. Nous n'aimons pas de telles images." Il est vrai qu'une photographie d'un bâtiment – et d'un bâtiment seulement – peut se vendre quelques dollars à un magazine d'architecture ; mais plus d'argent et un avenir plus grand proviennent du fait de donner vie aux photographies et, par conséquent, de publier votre travail dans les hebdomadaires nationaux.

Encore une fois, aucun magazine ne souhaite acheter une photographie de quelque chose qui n'est pas nouveau. Un monument, s'il est photographié un instant après son inauguration et avec la foule autour de lui, est un vendeur probable ; mais si le photographe attend plusieurs années, un tirage du monument est invendable. Et ce n'est pas étrange : vous préférez les œufs frais aux œufs conservés au froid.

Le grand secret du photographe de presse à succès réside dans l'introduction de l'être humain dans ses photographies d'objets inanimés. Les êtres humains ont un profond intérêt les uns pour les autres. Lorsqu'on est introduit dans une image, l'intérêt humain est introduit en même temps ; et si l'être humain est représenté en train de faire quelque chose, l'intérêt est encore plus grand. Car personne ne dépasse jamais la question "Qu'est-ce que tu fais ?" que fais -tu, monsieur ?

Popular Science Monthly déclare : « Nous voulons des photographies de qualité et claires d'un être humain faisant quelque chose de nature mécanique. Les sujets doivent être nouveaux. » Si une nouvelle invention est représentée seule, elle est sans vie et dénuée de sens. Mais laissez un être humain le faire fonctionner et une photographie de celui-ci prend de la valeur.

Il suffit d'appliquer son bon sens en la matière. Si un meurtre est commis dans la ville, les journaux n'exigeront pas de photographies du cadavre ; il fera très bien d'obtenir une photographie du type "flèche-pointant-vers-la-scène-du-crime".

Il faut compter entièrement sur son « flair pour l'information », ce qui s'avère parfois traître. "Une photographie d'intérêt humain échappe parfois au nez expert d'un photographe ayant vingt ans d'expérience et est reprise par un débutant", pour paraphraser Charles Phelps Cushing. Et, d'un autre côté, l'ancien peut s'attaquer avec assurance à un sujet que le débutant a méprisé, et découvrir alors qu'il a une empreinte invendable entre les mains. Parfois, pour ainsi dire, les "nez pour l'actualité" contractent un rhume et sont incapables de flairer la valeur marchande d'un sujet. Mais les rhumes peuvent être guéris et les odeurs retrouvées. Le meilleur remède est de s'arrêter, de réfléchir et de renifler à nouveau.

Il existe un marché quelque part pour chaque bon imprimé. Il n'existe aucun marché nulle part pour une impression de mauvaise qualité.

Le meilleur dans toute cette affaire est le suivant : personne – pas même le vieux Nick lui-même – ne peut inciter un éditeur à acheter une photographie dont il ne veut pas ; et si, d'un autre côté, il sait qu'il peut l'utiliser, il l'achètera immédiatement, qu'il soit offert par Donald Thompson, qui est un photographe de presse de renommée mondiale, ou par John Brown de Smithville, dont la première tentative peut être.

TAILLE, FORME ET FORME

Les romanciers en herbe apprennent à un moment donné de leur génie naissant qu'un grand pas vers la faveur éditoriale réside dans la bonne préparation du manuscrit. De même, une photographie qui n'est pas réalisée selon les normes éditoriales souffre d'un handicap.

Certains éditeurs précisent la taille de la photographie qu'ils préfèrent. Ainsi, *Collier's* préfère les tirages 4×5 ; mais il utilisera des impressions plus grandes et quelques-unes plus petites que cette taille. De la même manière, *Garden Magazine* rapporte qu'il préfère les tirages 6½ × 8½, et la Thompson Art Company dit préférer le format 5 × 7 ou 8 × 10.

D'autres magazines ne font aucune mention de la taille. *Popular Mechanics* rapporte : « La taille de l'impression n'est pas aussi importante que la clarté et la brillance. » En effet, la plupart des magazines ne précisent pas de format préférable car, ce faisant, ils découragent les contributeurs de tirages souhaitables, mais pas du format spécifié.

Si un magazine insiste pour avoir des tirages d'une certaine taille, le photographe ne doit pas se décourager car son appareil photo ne prend pas de photographies de ces dimensions. La réalisation d'agrandissements n'est plus difficile aujourd'hui que la réalisation d'épreuves-contact ; si le négatif est nettement mis au point et que l'objectif de l'agrandisseur est bon, un agrandissement ne différera pas beaucoup en qualité d'un petit tirage.

Il me semble que l'appareil photo idéal prend des photos de 3¼ x 4¼ pouces. C'est très légèrement plus petit que le 4 × 5 et un « mangeur de films » moins coûteux. Les négatifs de cette dimension sont suffisamment grands pour permettre de réaliser des tirages vendables sans les agrandir, et si l'on désire un tirage plus grand, ils sont de bonnes proportions pour l'opération d'agrandissement. Les tirages au format 2¼ × 3¼ sont trop petits pour être proposés aux magazines à moins que les sujets ne soient tous imposants ; cependant la taille est très bonne, et pas trop petite pour faire d'excellents agrandissements si l'objectif de l'appareil est bon. J'ai entendu parler d'un photographe qui utilise exclusivement un appareil photo de poche équipé d'un objectif anastigmat rapide : il ne tente jamais de commercialiser aucun des petits tirages, dont la taille est de 1-5/8 × 2½, mais agrandit les tirages à environ 4. × 6. La petite caméra présente de nombreux avantages par rapport à la grande caméra ; mais 3¼ × 4¼ est le juste milieu. Je n'ai jamais reçu de tirage de cette taille car il était trop petit.

Il n'est pas nécessaire de se limiter à la production d'impressions aux seules dimensions standards. Dans le cas des magazines souhaitant des tirages artistiques, les tirages gagnent matériellement en les rognant de manière à produire un équilibre de composition des masses. En outre, certains acheteurs spécifient des impressions d'une certaine forme à utiliser comme couvertures et en-têtes, pour s'adapter aux découpes des cadres, etc. Ces acheteurs indiquent leurs spécifications comme « taille d'impression 4 × 6, avec les bords longs horizontaux » ou l'inverse. Il n'est pas non plus nécessaire de produire des impressions découpées à la taille exacte de la couverture ; il suffit de réaliser l'impression dans les mêmes *proportions* que la couverture, et le graveur l'agrandira ou la réduira aux dimensions correctes.

Il existe une meilleure finition pour les tirages destinés à la publication : c'est-à-dire le noir et blanc – *jamais sépia* – et le brillant, bruni. Les impressions brillantes ne sont pas beaucoup plus difficiles à réaliser que les impressions à surface mate, le seul effort supplémentaire nécessaire étant l'utilisation d'une plaque à raclette ou d'une plaque de ferrotype. La préférence pour les impressions brillantes résulte du fait que leurs surfaces sont absolument lisses et sans grain. Cela permet au graveur de créer une demi-teinte plus claire, car une impression avec une surface grainée reproduit la surface et tout dans la coupe.

Le papier glacé, séché de manière ordinaire, présente une surface parfaitement lisse, mais à moitié mate. Lorsque les impressions brillantes sont séchées au contact d'une plaque ferrotype, les surfaces sont hautement polies, ce qui donne aux impressions plus de brillance. Les impressions ainsi préparées sont idéales à des fins de reproduction.

Les journaux, ainsi que certains magazines à prix modérés imprimés sur du papier journal et imprimés à grande vitesse, nécessitent des coupes sérigraphiées grossièrement ; dans ceux-ci, un éclairage sophistiqué est préjudiciable et les détails fins sont perdus ; ce qu'il faut, ce sont de larges masses de lumière et d'ombre.

Certains éditeurs préfèrent les tirages non rognés et imprimés jusqu'aux bords du négatif. De telles impressions donnent à l'éditeur la possibilité de découper les impressions à sa guise. Et dans le cas de simples photographies d'actualité et de celles qui ne prétendent pas à une considération artistique, cela semble être le mode de soumission préférable. Certes, les éditeurs ne s'opposeront pas à de telles impressions, et ils pourront les accueillir de préférence à celles tronquées.

Le papier simple grammage est toujours préférable au double grammage, même dans les plus grands formats.

Les impressions doivent être nettement ciblées et distinctes, et non « floues ».

Un imprimé contrasté est parfois recommandé comme étant le meilleur à offrir ; mais c'est une erreur. Le photograveur souhaite des tirages avec beaucoup de détails dans les ombres, et avec une tendance à la douceur ; mais sans un vestige de planéité. "Dans la réalisation du négatif d'écran et dans les différentes étapes de gravure, lui - le graveur - peut introduire des reflets dans un sujet plutôt doux ; mais il ne peut pas produire de détails dans des lumières et des ombres dures", déclare le magazine Photo- *Era* . Le processus de création de demi-teintes s'est développé de telle sorte que la reproduction peut être rendue presque impossible à distinguer de l'original. Dans tous les cas, faites la meilleure impression possible, une représentation normale et véridique.

Après avoir réalisé votre tirage, ajoutez votre nom et votre adresse au dos de celui-ci, puis écrivez, au crayon et sur une surface dure, la légende qui devra être placée sous la photographie lors de son impression.

Certains éditeurs dénoncent la pratique consistant à écrire la légende au dos de l'impression ; car l'impression va au graveur et la copie de la légende va à l'imprimeur. L'alternative est d'écrire la légende sur un bout de papier qui doit être collé par une extrémité au dos de l'impression. Dans tous les cas, le nom et l'adresse du photographe doivent être tamponnés au dos.

Un tirage idéal pour la reproduction et la publication devrait donc être :

Pas moins de $3\frac{1}{4} \times 4\frac{1}{4}$ pouces ; sur papier glacé simple grammage, bruni ; très pointu; pas contrasté ou plat ; corriger les proportions si nécessaire ; non coupé, si vous préférez ; nom et adresse au dos ; légende clairement écrite au dos ou sur un bordereau joint.

Les impressions réussissant cet examen sont prêtes à être expédiées sur le marché.

O VENDRE

Il était une fois un éditeur qui eut une inspiration remarquable. Il publierait un livre parfait. Il s'acquitta de sa tâche avec un soin pénible. Des mois ont été consacrés à la réalisation d'un livre qui serait parfait à tous points de vue. Après que l'éditeur eut corrigé toutes les erreurs typographiques, y eut apporté toutes les améliorations possibles, et fut incapable d'y déceler le moindre défaut, il en fit des épreuves et les envoya aux professeurs des facultés des universités, aux principaux imprimeurs, aux éditeurs de livres. - des experts en rédaction, des autorités en anglais et des dirigeants de toutes les autres branches de travail à partir desquels il était possible d'examiner de manière critique la réalisation du livre. Il leur demanda d'examiner minutieusement les épreuves et de lui signaler tout défaut, si minime soit-il, qu'ils pourraient y trouver. Chacun des critiques rendit son épreuve en affirmant qu'il n'avait pas trouvé la moindre imperfection. Le bookmaker rayonnant publia alors son livre parfait et offrit une grosse somme à quiconque y trouverait un seul défaut. Et plusieurs mois se sont écoulés.

Puis, un jour, il reçut une lettre lui signalant une erreur dans le livre. Une autre lettre suivit ; ensuite un autre; et au bout d'un an, il avait reçu une demi-douzaine de lettres, chacune soulignant une erreur différente – et chacune était très visiblement une erreur. Et c'est l'histoire du livre parfait.

C'est en pensant à ce livre que j'ai décidé de ne pas donner ici la liste habituelle des acheteurs de photographies. Une telle liste peut être complète et correcte une fois établie ; mais au moment où il pourrait être imprimé et publié, voilà ! certains magazines auraient suspendu leur publication, d'autres de nouveaux auraient surgi, d'autres acheteurs auraient modifié leurs exigences ; de sorte qu'au bout d'un an, la liste entière serait inutile.

Je n'ajoute même pas une liste des non-acheteurs qui étaient autrefois acheteurs, car certains d'entre eux peuvent redevenir acheteurs à tout moment. Par conséquent, à mon avis, placer une liste d'acheteurs de photographies dans cet article reviendrait à perdre beaucoup de place, et avec la possibilité de gêner les photographes qui pourraient tenter d'utiliser la liste environ un an après sa publication.

En outre, il existe des magazines et autres livres publiés chaque année et consacrés presque exclusivement à la cotation des marchés de manuscrits et de photographies ; ceux-ci sont en mesure d'apporter des modifications, des ajouts et des retraits à chaque parution ultérieure, et ainsi de maintenir les listes à jour et de valeur.

L'un de ces livres est « Où et comment vendre des manuscrits ». Ce livre classe les marchés photographiques séparément ; et répertorie également ailleurs de nombreux acheteurs de photographies. En outre, des listes sont données de journaux, de fabricants de cartes postales et de calendriers, ainsi que des listes de magazines consacrés à la maison, à l'agriculture, au jardinage, à la jeunesse, aux sports, aux activités de plein air, au théâtre, à la musique, à l'art, aux métiers, etc., tous dont les magazines utilisent des photographies. Le livre est publié par la Home Correspondence School, Myrick Building, Springfield, Massachusetts.

Un autre livre de ce type, qui est très similaire et qui contient de telles listes, est « 1001 Places to Sell Manuscripts », publié par James Knapp Reeve, à Franklin, Ohio. Ce sont les deux seuls annuaires de marché qui sont en mesure de maintenir leurs listes à jour et exactes.

Les magazines d'écrivains, qui gèrent des chroniques d'information sur le marché littéraire, répertorient les marchés de photographies ; ceux-ci complètent les livres de marché.

The Editor , publié chaque semaine chez Book Hill, Highland Falls, New York, publie peut-être plus de notes de marché que tout autre.

The Writer's Digest , 15-27 West Sixth Street, Cincinnati, Ohio, est un magazine mensuel spécialisé dans l'écriture qui gère un très bon département de notes de marché.

The Writer's Monthly est le nom d'un autre magazine qui répertorie ces marchés. Il est publié mensuellement. Ses nouvelles sur le marché, au moment de leur publication, sont plutôt plus anciennes que celles imprimées dans *The Editor* . Le temps plus long nécessaire pour imprimer le magazine peut expliquer cela. Ce magazine est publié par la Home Correspondence School, Springfield, Massachusetts.

Le Student Writer , 1835 Champa Street, Denver, Colorado, publié mensuellement, tient à jour une excellente liste de marchés. Leurs notes sont nombreuses, variées et fiables.

Les magazines photographiques répertorient parfois les marchés pour les photographies, mais pas fréquemment.

American Photography , 428 Newbury Street, Boston, Massachusetts, publie parfois des avis de marché dans son département « The Market-Place », mais ils sont rares.

Photo-Era Magazine répertorie, lorsqu'elles sont disponibles, les notes de marché. Les éditeurs de livres souhaitant des tirages à caractère spécial ont utilisé ce magazine comme support publicitaire.

Outre les magazines mentionnés, d'autres publications spécialisées dans l'écriture et la photographie peuvent publier de temps à autre des notes sur le marché.

Il n'est en aucun cas nécessaire d'acheter les deux livres et de s'abonner à toutes les revues ; mais si vous pouvez le faire sans inconfort financier, cela ne peut être qu'à votre avantage. N'hésitez pas à vous procurer un des livres de marché et à vous abonner à l'un des magazines d'écrivains ; et si vous pouvez ajouter une publication photographique, tant mieux. Même un livre de marché à lui seul est d'une grande aide ; en fait, c'est une nécessité. Procurez-vous-en un ou les deux et vous serez étonné du nombre de fois que chacun pourra dire « Ouvrez Sésame » sans bégayer.

Le meilleur vendeur du monde ne pourrait pas inciter un forgeron sensé à constituer un stock de produits d'épicerie. Si le vendeur a des produits à vendre, il va chez un épicier et discute. De même, un photographe ne peut espérer vendre la photographie la plus remarquable du monde s'il ne l'envoie pas sur le bon marché.

Chaque magazine a ses propres besoins particuliers ; mais les besoins des différents se chevauchent à tel point, et sont parfois si semblables, qu'un imprimé offert à l'un et rejeté par lui peut être très désirable pour un autre ; cela s'applique aux *catégories* de magazines ainsi qu'aux publications *individuelles* . Par exemple : *Popular Mechanics* , ou *Illustrated World* , bien qu'exigeant des photographies inhabituelles, achètent rarement des photographies de monstres humains – mais néanmoins le *Saturday Blade* (Chicago) utilise exactement ce genre de choses.

A quelques pâtés de maisons d'ici se trouve la plus grande usine de tablettes d'écriture au monde : une photographie de celle-ci ne serait acceptable ni pour les sections d'héliogravure, ni pour *Popular Mechanics* , *Illustrated World* , ni pour *Popular Science* ; pourtant, une telle photographie serait utile à un magazine d'architecture, à une publication de papeterie ou à un journal local. Lorsqu'une photographie peut être vue sous plusieurs angles industriels, ainsi que sous l'angle d'une nouvelle réalisation ou sous l'angle de l'intérêt humain, plus les marchés ont de chances de s'ouvrir à elle. *Le photographe de presse ne doit pas s'arrêter avant d'avoir essayé tous les marchés possibles.*

Après un ou deux refus, le photographe a tendance à penser que les éditeurs ont des préjugés contre son travail parce qu'il est débutant ; mais rien ne pourrait être plus éloigné du fait. Un magazine national dit : "Si nous vous rendons ce que vous soumettez, ne vous découragez pas. Tôt ou tard, si vous étudiez attentivement nos besoins, vous réussirez à trouver ce que nous recherchons." La même chose est vraie pour tous les autres magazines. Aucun d'entre eux n'est impatient d'acheter vos produits si vous leur proposez le type de produits qu'ils souhaitent.

Un rejet n'est pas une réprimande. C'est un défi. Cela signifie que votre « nez pour l'information » vous a fait défaut – vous a trompé ; ou que vous avez essayé de vendre des produits d'épicerie à un forgeron. Soyez assuré qu'aucun éditeur ne refusera délibérément d'accepter, de payer et d'imprimer une photographie possédant suffisamment de mérite pour justifier son acceptation. Le rédacteur en chef n'occupe son poste que tant qu'il produit le type et la qualité de magazine que ses propriétaires souhaitent qu'il produise ; et il ne peut le faire qu'en coopération avec les contributeurs. Sans contributeurs, il est en mer dans un baquet. Le rédacteur est le meilleur ami que puisse avoir un photographe de presse.

Peu importe votre degré d'attraction avec un éditeur, votre proximité avec un parent ou votre bon ami, vous ne pouvez pas lui vendre une photo à moins de « lui livrer la marchandise ».

Elliot Walker observe : « La façon de vendre est de donner aux éditeurs ce qu'ils veulent et de la manière qu'ils veulent. » Si vous faites cela, vous ne pouvez pas échouer si vous essayez.

Aucun éditeur ne rejettera non plus vos photographies en raison de ses sentiments personnels. « Le rédacteur en chef du magazine, en premier lieu, garde ses sentiments personnels liés ; en deuxième lieu, il serait vraiment insensé de les laisser influencer ses décisions ; et, en troisième lieu, le rédacteur en chef « est » Je n'ai aucun sentiment personnel lorsqu'il s'agit d'acheter du matériel pour son magazine. »

Il n'y a qu'une seule voie à suivre : envoyer la photographie sur tous les marchés possibles pour la vendre dans sa gamme spéciale ; voyez ensuite s'il peut être vu sous un autre angle de magazine et essayez tous les magazines de cette tendance ; puis répétez et répétez et expédiez-le encore et encore. *Ne vous arrêtez pas jusqu'à ce qu'il soit revenu de tous les marchés avec la moindre possibilité de l'acheter.* Ensuite, veillez des nuits entières pour découvrir un autre point d'expédition. Continuez jusqu'au bout ; mais si votre « nez » travaille et que vous continuez à avancer régulièrement, la fin viendra assez soudainement et elle ne sera pas amère.

UNE ENQUÊTE SUR LES MARCHÉS

Ce qui suit n'est pas une tentative de lister et de classer les marchés existants, mais de proposer une étude généralisée des besoins en matière de magazines par catégorie. Si le succès du photographe de presse d'une petite ville n'est pas proportionnel à la taille de sa ville, les magazines qui lui parviennent mois après mois ne lui dévoilent pas tout le champ des marchés. Il a besoin de quelque chose de plus, de quelque chose qui lui révèle les vastes besoins des magazines. Ce chapitre a pour mission de résumer les besoins des revues de chaque classe.

Ainsi, les photographies prises partout dans le monde, montrant la beauté et le commerce des époques anciennes et nouvelles, sont très recherchées par plusieurs magazines. *Travel*, 7 West Sixteenth Street, New York, souhaite des photographies de lieux isolés, de méthodes inhabituelles de production de produits de première nécessité et des photographies d'intérêt général pour les voyages.

La même chose peut être dite du *National Geographic Magazine*, bien que les photographies et les articles utilisés dans cette publication soient si spécialisés et exhaustifs qu'il est rare qu'un écrivain indépendant puisse répondre à leurs besoins, car ils entretiennent leur propre équipe d'écrivains et d'explorateurs. Cependant, si vous êtes en mesure de prendre des photos éclatantes d'un grand intérêt pour les voyages, voici un excellent marché.

Si vous souhaitez imaginer des maisons, *Country Life*, *Garden Magazine* et *House Beautiful* attendent vos tirages. Ces magazines sont très artistiques et n'utilisent que les meilleurs travaux ; mais ils s'intéressent aux jardins insolites, aux belles pelouses, à l'aménagement paysager, à la décoration intérieure. Une maison transformée d'un bâtiment commun en une résidence inhabituelle ou frappante trouvera facilement à vendre si des photographies de la variété "avant et après" sont proposées. La nature, le sport et la construction à la campagne sont la spécialité de *Country Life*, Garden City, New York ; *Garden Magazine* ne s'intéresse qu'aux jardins et à l'horticulture ornementale, de préférence à la tendance de l'expérience personnelle. Même adresse que *Country Life*. *House Beautiful*, 3 Park Street, Boston, souhaite des photographies de types inhabituels de décoration intérieure et d'architecture paysagère. Quelle richesse matérielle contient une maison moderne et bien entretenue ! Les propriétaires doivent facilement donner leur consentement à la photographie si le photographe explique son objectif.

Arts and Decoration, 470 Fourth Avenue, New York, utilise également du matériel de jardin et de maison, mais s'adresse également aux arts. Les photographies d'architecture, de décoration intérieure, etc., trouvent ici un autre marché.

de même pour le vaste domaine des magazines sur la vie à la campagne en général, à titre d'exemple. Les photos d'ameublement et de rénovation « avant et après » sont faciles à obtenir et à vendre si elles sont bien faites.

Chaque catégorie de magazines utilise des photographies : magazines littéraires, magazines féminins, journaux agricoles, publications juvéniles, religieuses, de plein air, photographiques, théâtrales, musicales, artistiques et commerciales. Les notes suivantes généralisent les besoins de chacun de ces domaines.

REVUES GÉNÉRALES

Cela exclut la plupart des magazines de fiction ; ceux qui utilisent des illustrations photographiques achètent le travail de studios professionnels déjà établis et peut-être spécialisés dans ce type d'illustration. Le débutant peut devenir l'un de ces illustrateurs (de nombreux magazines les utilisent, comme *Love Stories* , *Cosmopolitan* pour des articles spéciaux, *National Pictorial Monthly* , etc.), mais ces marchés ne sont pas ouverts au photographe indépendant.

Current History , Times Building, New York, New York, est un exemple de magazine d'information qui utilise des photographies d'actualité et d'un grand intérêt.

Le Literary Digest est de même nature, mais ce deuxième magazine n'achète pas de photographies sur le marché libre.

La Curtis Publishing Company utilise occasionnellement des photographies de nature scénique ou artistique comme éléments de remplissage. Ces magazines comprennent *le Saturday Evening Post* , *le Ladies' Home Journal* et *le Country Gentleman* . Ceux-ci sont toujours disponibles, et un coup d'œil sur plusieurs numéros de chacun révélera le type de photographie recherché.

Grit , Williamsport, Pennsylvanie, utilise de nombreuses photographies et de courts articles rédigés autour d'elles. Cette publication souhaite que des sujets communs et d'intérêt humain soient traités avec soin.

Les besoins du *Monde Illustré* , *de la Mécanique Populaire* et *de la Science Populaire* ont été clairement exprimés dans les parties précédentes de ce livre.

Le Scientific American veut toujours des photographies de nouvelles inventions d'un grand intérêt, accompagnées de brefs articles. Adresse 233 Broadway, New York, New York.

Physical Culture , 119 West 40th Street, New York, New York, souhaite toujours des photographies de personnes ayant un développement physique splendide. Un coup d'œil à ce magazine révélera les types de poses souhaitées. Les vues droites de face, de dos, etc. ne sont jamais utilisées ; l'action dans l'image est essentielle.

MAGAZINES FÉMININS

Ces magazines utilisent généralement des images d'améliorations de l'habitat, de rénovation de résidences, de jardins fleuris d'une variété inhabituelle et utilisent de courts articles illustrés sur la construction de maisons, la décoration intérieure, les tapis, les jardins, l'économie domestique, etc. Les magazines répertoriés ci-dessous ne sont que quelques-uns des les nombreux qui utilisent des photographies et des articles illustrés intéressant les femmes.

The Ladies' Home Journal , Philadelphie, Pennsylvanie ; le *Woman's Home Companion* , New York ; le *Delineator*, New York, et *Good Housekeeping* , New York, sont tous des magazines généralement de fiction à saveur familiale qui n'offrent pas un bon marché pour des photographies séparées ou de courts articles illustrés, bien qu'ils soient à la recherche de matériel approprié de ce type, de manière limitée. D'autres sont:

Cuisine américaine , 221 Columbia Ave., Boston.

Des temps meilleurs , 70 Fifth Ave., New York.

Journal canadien de l'habitation , 71, rue Richmond, Ouest, Toronto (Ontario), Canada.

Ferme et maison , Springfield, Massachusetts.

Mother's Magazine , 180 No. Wabash Ave., Chicago.

Propriété de la Nouvelle-Angleterre , Springfield, Massachusetts.

Vogue , 19 West 44th St., New York, utilise des photographies exclusives de la société de New York, Newport, etc. ; des photographies de belles maisons de personnalités du monde, de jardins magnifiques et insolites, etc.

Hebdomadaire de la femme , 431 Donc. Dearborn St., Chicago, utilise de courts articles d'intérêt domestique, illustrés.

JOURNAUX AGRICOLES

Les besoins des revues agricoles sont spécifiques. Ils constituent une division importante de magazines publiés et une division importante qui utilise une grande quantité de matériel. Des articles sur les améliorations agricoles, etc., sont toujours utilisés, ainsi que des photographies. Une conjonction des deux, dans un article illustré, forme un produit beaucoup plus commercialisable. Le travail agricole est composé de plusieurs divisions : agriculture, apiculture, botanique, élevage, fromagerie, etc. Voici quelques-uns des marchés agricoles qui achètent toujours du matériel :

Agriculteur américain , 315 Fourth Ave., New York.

American Bee Journal , Hamilton, Illinois.

Botaniste américain , Joliet, Illinois.

Éleveur américain , 225 West 12th St., Kansas City, Missouri.

Agriculture américaine , 537 donc. Rue Dearborn, Chicago.

Foresterie américaine , 1410 H St., Washington, DC

Producteur de fruits américain , State Lake Bldg., Chicago.

Journal américain de la volaille , 542 donc. Rue Dearborn, Chicago.

American Seedsman , Chicago, Illinois.

Bean-Bag , Syndicate Trust Bldg., St. Louis, Missouri, se consacre à l'industrie des haricots.

Compatriote canadien , 154 rue Simcoe, Toronto, Ontario, Canada ; matériel d'intérêt canadien.

Country Gentleman , Place de l'Indépendance, Philadelphie.

Producteur laitier , Waterloo, Iowa.

Ferme et coin du feu , 381 Fourth Ave., New York.

Farm Journal , Philadelphie, Pennsylvanie.

Le monde du cheval , 1028-30 Marine Bldg., Buffalo, New York.

Fermier juif , 174 Second Ave., New York.

Kennel Advocate , 636 Market St., Sierra Madre, Californie.

Le Milk Magazine , Waterloo, Iowa.

Journal national de la luzerne , bâtiment Otis, Chicago.

Verger et Ferme , 1111 So. Broadway, Los Angeles, Californie.

Potato Magazine , salle 605, 139 No. Clark St., Chicago.

Power Farming , St. Joseph, Michigan.

Rabbitcraft et Small Stock Journal , Lamoni, Iowa.

Agriculteur du Sud , Nashville, Tennessee.

Le fermier de Wallace , Des Moines, Iowa.

PUBLICATIONS JEUNESSE

Presque tous les magazines utilisent du matériel juvénile, et nombreux sont ceux qui s'y spécialisent. Les marchés suivants utilisent le type bien connu de photographies et d'articles illustrés qui présentent un intérêt : voyages, comment les réaliser, etc. Un vaste champ est ici ouvert aux activités illustrées des garçons.

The American Boy , 142 Lafayette Blvd., Détroit, Michigan.

Magazine pour garçons , Scarsdale, New York

Camarade de classe , 420 Plum St., Cincinnati, Ohio.

En avant , Witherspoon Bldg., Philadelphie.

Girl's World , 1701 Chestnut St., Philadelphie.

Junior Christian Endeavour World , 31 Mt. Vernon St., Boston, Mass.

Mots gentils , Nashville, Tennessee.

Route ouverte , 248 Boylston St., Boston.

Magazine Saint-Nicolas , 353 Fourth Ave., New York.

Compagnon de la jeunesse , 881 Commonwealth Ave., Boston, Massachusetts.

DOCUMENTS RELIGIEUX

Les publications religieuses ne sont pas enclines à imprimer de nombreuses photographies, bien qu'il existe ici un marché d'une taille appréciable. Il est difficile de généraliser ce domaine, mais les éléments suivants peuvent être considérés comme une telle liste :

Étudiant adulte , Nashville, Tennessee.

Messager américain , 101 Park Avenue, New York, New York.

Christian Advocate , 810 Broadway, Nashville, Tennessee.

Christian Endeavour World , 31 Mt. Vernon St., Boston, Massachusetts, utilise des couvertures photographiques.

La David C. Cook Company, d'Elgin, Illinois, publie une quarantaine de magazines qui utilisent une grande quantité de photographies et de matériel illustré.

Epworth Herald , 740 rue Rush, Chicago.

Front Rank , 2710 Pine St., St. Louis, Missouri.

Lookout , Cincinnati, Ohio, utilise des photographies pour les couvertures.

Le missionnaire , Maison de la mission apostolique, Brookland, Washington, DC

Monde de l'école du dimanche , 1816 Chestnut St., Philadelphie.

Le mot d'ordre , Otterbein Press, Dayton, Ohio.

REVUES D'EXTÉRIEUR

Voici un groupe de magazines qui s'intéressent profondément aux voyages de pêche, aux chasses et aux excursions insolites ; ils veulent des informations sur les animaux dans l'eau, dans les airs ou sur terre, afin que leurs lecteurs puissent les attraper plus facilement ; il désire du matériel sur les chiens-oiseaux, sur les appareils et astuces de plein air, sur le tennis, l'automobile, le baseball, les chats, les chiens, le golf, les chevaux, le yachting et sur toutes les phases de la vie en plein air et sportive. Des photographies d'hommes importants dans chaque ligne sont recherchées ; des imprimés de chasse, de pêche, de camping, de canoë, de voile et tout ce qui touche aux grands espaces. Il existe ici un marché important et rémunérateur pour les photographies de plein air et les tirages sportifs.

Aerial Age , 280 Madison Ave., New York, souhaite obtenir du matériel sur l'aviation.

Tous les activités de plein air , *de sortie* , *de forêt et de ruisseau* , *de terrain et de ruisseau* , etc. souhaitent une grande variété de matériel d'extérieur qui plaira à tout type de sportif. Ces magazines circulent largement et leur étude révélera leurs besoins.

Les chiens font l'objet de magazines tels que *American Beagle* , 639 West Federal St., Youngstown, Ohio ; *Dogdom* , Battle Creek, Michigan ; *Amateur de chiens* , Battle Creek, Michigan ; *Monde canin* , 1333 donc. Avenue de Californie, Chicago.

Le matériel sur les chats est bien accueilli par *Cat Review* , 196 Center St., Orange, New Jersey.

Le matériel de pêche plaît au grand public des magazines de plein air, notamment *American Angler*, 1400 Broadway, New York.

Le tennis fait appel à *American Lawn Tennis*, 120 Broadway, New York, et au *Tennis Review*, California Bldg., Los Angeles, Californie.

Le matériel de golf est utilisé par *American Golfer*, 49 Liberty St., New York, et *Golfer's Magazine*, 1355 Monadnock Block, Chicago.

L'automobile fait appel à une longue liste de publications telles que :

Automobiliste américain, Riggs Building, Washington, DC

Kilométrage, 4415 No. Racine Ave., Chicago.

Moteur, 119 West 40th St., New York.

Motordom, 110 State St., Chicago.

Motor Life, 239 West 39th St., New York.

Vitesse, 809 Shipley St., Wilmington, Del.

Il existe ensuite une variété de subdivisions différentes de cette classe, dont le simple nom suffit à révéler la grande variété de matériel qu'elles utilisent :

Dames américaines, 1846 Donc. 40e avenue, Chicago.

Bulletin d'échecs américain, 150 Nassau St., New York.

Joueur de cricket américain, Morris Building, Philadelphie.

Magazine de baseball, 70 Fifth Ave., New York.

Magazine de billard, 35 ans. Rue Dearborn, Chicago.

Connaissance des oiseaux, 29 West 32d St., New York.

Journal de Bowler, 836 Exchange Ave., Chicago.

Le monde du cheval, 1028-30 Marine Bank Bldg., Buffalo, New York.

Spur, 389 Fifth Ave., New York—récolte des lauréats.

Yachting, 141 West 36th St., New York.

REVUES PHOTOGRAPHIQUES

Ces magazines accordent plus d'attention à la photographie elle-même qu'à ce qu'elle représente. Voici un marché de tirages artistiques, de tirages montrant de nouvelles méthodes de travail, et autres matériels intéressants pour les photographes. Le goût artistique et la précision technique sont essentiels pour vous faire accéder à ces magazines.

Photographie américaine , 428 Newbury Street, Boston.

The Camera , 210 No. 13th St., Philadelphie, Pennsylvanie.

Camera Craft , Claus Spreckels Bldg., San Francisco, Californie.

Magazine Photo-Era , Wolfeboro, New Hampshire.

REVUES DE THÉÂTRE

Les magazines de théâtre englobent les quelques représentants suivants qui désirent des tirages de l'actualité du monde du spectacle, de nouveaux théâtres, des interviews d'acteurs et d'actrices et des photographies d'eux, etc.

Le drame , 306 Riggs Bldg., Washington, DC

Theatre Arts Magazine , 7 East 42d St., Détroit, Michigan.

Theatre Magazine , 6 East 39th St., New York.

JOURNAUX MUSICAUX

Des photographies de groupes, d'orchestres, de chefs, de kiosques à musique uniques, d'artistes, de compositeurs, etc., sont utilisées par cette classe.

Courrier musical , 437 Fifth Ave., New York, New York.

Entreprise musicale , Camden, NJ

DOCUMENTS COMMERCIAUX

Il s'agit notamment de magazines publiés et consacrés à tous les métiers imaginables. On citera pour chaque branche de métier un magazine dont le titre est explicite et qui utilise des photographies dans son domaine particulier :

Publicité : *publicité et vente* , 471 Fifth Avenue, New York.

Architectural : *American Builder* , 1827 Prairie Ave., Chicago.

Automobile : *Garage américain et concessionnaire automobile* , 116 So. Avenue Michigan, Chicago.

Boulangerie et confiserie : *Aide-boulanger* , 327 So. Rue La Salle, Chicago. *Confiseur occidental* , Underwood Bldg., San Francisco.

Ciment, etc. : *Béton* , 314 New Telegraph Bldg., Detroit, Michigan.

Drogue, huile, peinture, etc. : *Circulaire des pharmaciens* , 100 William St., New York. *Painters' Magazine* , même adresse.

Marchandises sèches : *Journaliste des marchandises sèches* , 215 so. Market St., Chicago, Illinois.

Électrique : *Journal of Electricity* , Crossley Bldg., San Francisco.

Ingénierie : *Everyday Engineering Magazine* , 2 West 45th St., New York.

Financier : *Financial World* , 29 Broadway, New York.

Fraternelle : Voir l'article particulier faisant référence à une fraternité ou à une loge particulière dans la liste donnée dans Market Book.

Meubles : *Furniture News* , Wainwright Bldg., St. Louis, Missouri.

Grain : *Grain Dealers' Journal* , 315 S. La Salle St., Chicago.

Épicerie : *National Grocer* , 208 So. Rue La Salle, Chicago.

Matériel : *Bon matériel* , 211 so. Rue Dithridge , Pittsburgh.

Histoire : *Revue historique hispanique américaine* , 1422 Irving St., NE, Washington, DC

Orgues de maison : environ deux mille d'entre eux sont répertoriés dans les livres de marché mentionnés.

Bijoux : *Jewelers' Circular* , 11 John St., New York.

Travail : Voir division particulière souhaitée en consultant Market Book.

Droit : *Casualty Review* , 222 East Ohio St., Indianapolis, Ind.

Bois de sciage : *Bois de sciage* , Wright Bldg., St. Louis, Missouri.

Médical : Voir la division souhaitée, comme Dentaire, Hôpital, etc., dans le Market Book.

Militaire : *American Legion Weekly* , 627 West 43d St., New York.

Municipal : *American City* , 87 Nassau St., New York.

Impression : *The Inland Printer* , Inland Printing Co., 632 Sherman St., Chicago.

Chemin de fer : *Le livre rouge du chemin de fer* , 2019 Stout St., Denver, Colorado.

Chaussures : *Boot and Shoe Recorder* , 207 South St., Boston.

Cette enquête donne une idée générale du vaste marché ouvert aux photographies répondant aux exigences de chaque magazine. Aucune tentative n'a été faite pour donner les besoins des magazines, ni pour présenter ce qu'on appelle habituellement « une liste de marchés ». Nous avons voulu ici généraliser le marché, en faisant remarquer au lecteur qui ne voit jamais la plupart des magazines nommés qu'ils existent réellement et qu'ils achètent des photographies. L'achat d'un Market Book est nécessaire si l'on souhaite sérieusement se lancer dans la vente de photographies à des publications.

"Etudier le magazine", c'est le bromure toujours jeté aux dents du débutant. Mais que se passe-t-il si l'on ne peut pas obtenir d'exemplaires des magazines qui impriment des documents que le lecteur peut facilement trouver ? Il lui suffit alors de demander au rédacteur en chef un exemplaire du magazine, en utilisant l'adresse glanée dans le Market Book - et il dispose alors des meilleures informations sur ce que veut ce magazine particulier. Et ce, au prix de seulement deux centimes par exemplaire.

EXPÉDITION DU PRODUIT AU MARCHÉ

Lorsqu'un tirage doit être offert à un journal local, le photographe part, parfois, dès une heure après avoir fait la prise de vue, le tirage à la main, et, arrivant au bureau du rédacteur en chef de la ville, il permet lui pour l'examiner. Dans un tel cas, l'envoi du tirage le retarderait ; peut-être la retarder jusqu'à ce que son intérêt se soit refroidi, et ainsi la rendre sans valeur. Mais lorsqu'on soumet des tirages à des magazines, il faut toujours faire appel au service postal de l'Oncle Sam, peu importe si l'éditeur habite juste à côté et que le bureau de publication n'est qu'à un pâté de maisons.

L'expédition de vos tirages vers leurs marchés mérite une attention particulière. Si la photographie, après avoir été emballée, peut être facilement pliée, elle risque d'arriver au bureau de l'éditeur dans un état fissuré et froissé. L'éditeur ne pouvait alors pas l'acheter s'il le souhaitait. Et, lorsqu'il est restitué, son fabricant le trouve tellement mutilé qu'il est inutile d'essayer de le commercialiser ailleurs. Une protection adéquate des photographies lors de leur expédition est une aide à la fois pour l'éditeur et le contributeur.

Les photographies mesurant 4 × 5 pouces peuvent être envoyées en toute sécurité dans une enveloppe n° 11 en papier kraft épais si une feuille de carton est également placée dans l'enveloppe. Le carton évite la casse des coins, le pliage et la fissuration de l'impression. Pour une enveloppe de retour *- n'oubliez jamais de joindre une enveloppe adressée à vous-même et dûment affranchie pour le retour du tirage si elle n'est pas disponible -* pour une enveloppe de retour, une enveloppe manille n° 10 est la meilleure solution.

Les impressions de 4 × 5 pouces ou plus doivent être envoyées dans des enveloppes plus grandes, dans des enveloppes à fermoir. Ces enveloppes peuvent être obtenues chez les papetiers dans des tailles adaptées à presque toutes les photographies. L'enveloppe doit être environ un pouce plus grande dans chaque sens que l'impression. L'impression ainsi qu'un morceau de carton, qui doit être un peu plus grand que l'impression, peuvent être envoyés en toute sécurité dans le conteneur enveloppe-fermoir. *N'oubliez en aucun cas de joindre une enveloppe de retour, qui devra être adressée et timbrée.* L'enveloppe de retour peut avoir les mêmes dimensions que l'enveloppe extérieure ; et, s'il est plié, il peut être facilement inséré. Les enveloppes mentionnées, j'ai découvert par expérience, sont les meilleurs contenants pouvant être utilisés pour les photographies à envoyer par la poste.

Ne roulez jamais une impression et ne l'insérez jamais dans un tube postal. S'il y a quelque chose qu'un éditeur ne veut *pas* que vous fassiez, c'est bien cela. Les tirages ainsi envoyés ne perdent jamais la courbe violente qu'ils acquièrent au cours du transport, et ils ne se prêtent alors pas plus à la raison qu'une mule capricieuse. Les tirages doivent toujours être envoyés *à plat* , jamais roulés ou pliés, ni dans aucun autre état sauf parfaitement *plat* .

L'enveloppe doit être adressée à « l'éditeur » du magazine particulier sélectionné. Ne l'adressez pas nommément au rédacteur, car il pourrait arriver à un moment où il est en vacances et ainsi le suivre dans tout le pays et peut-être se perdre. Il ne doit y avoir aucune pièce jointe autre que la photographie ; sauf, quand cela est nécessaire, une feuille portant une explication ou un court article à imprimer avec la photo. N'écrivez pas de lettre à l'éditeur à moins que la photographie soit opportune et qu'elle doive donner lieu à une décision immédiate. Le photographe de presse professionnel soumet son travail sans lettres et sans aucune pièce d'identité si ce n'est son nom au dos de chaque tirage - et ce n'est pas ce qui est au dos, mais ce qui est au recto qui compte.

Les photographies ne nécessitent que des tarifs postaux de troisième classe. L'ajout d'une légende à l'impression, ou à tout autre élément écrit qui l'accompagne, fait automatiquement passer le tarif à la première classe. Même si rien d'autre que la photographie seule n'est envoyé, je conseille le recours à un service de première classe pour plusieurs raisons : le tirage est alors réalisé plus rapidement ; il est traité avec plus de soin ; et l'expéditeur peut sceller le conteneur, ce qu'il ne peut pas faire avec des matières de troisième classe. Envoyez donc toujours vos photos par courrier prioritaire.

Les rédacteurs ne disposent pas de fonds spéciaux pour payer les timbres-poste. Autrement dit, si un paquet de photographies arrive au bureau de l'éditeur avec les frais de port non entièrement prépayés, le paiement par l'éditeur des frais de port dus ne rend pas son attitude bienveillante envers l'œuvre elle-même. De nombreux éditeurs n'accepteront pas les contributions de la poste auxquelles sont attachés des timbres-poste en raison de la négligence de l'expéditeur de payer entièrement à l'avance les frais de port. Il existe un bien plus grand nombre d'éditeurs qui ne rendront pas de photographies à moins qu'une enveloppe timbrée et adressée ne soit jointe à l'offre. Cette attitude est tout à fait justifiée, car dans de tels cas, fournir des services postaux à des contributeurs imprudents coûterait à un magazine des centaines de dollars chaque année.

N'envoyez jamais vos photographies par courrier recommandé, sauf si leur valeur est extraordinaire ; et ne les envoyez jamais par courrier spécial à moins que les tirages ne soient adressés à un journal et ne présentent un intérêt brûlant pour l'actualité. Envoyer des photographies de qualité moyenne par courrier recommandé ou par courrier spécial est une astuce du novice qui lutte pour être reconnu. Utilisez un service ordinaire de première classe et le rédacteur se sentira plus aimable envers vous que s'il était obligé d'arrêter son travail et de signer un accusé de réception.

Toutes les photographies ne sont pas acceptées par le tout premier éditeur qui les voit. Bien souvent, c'est le cinquième, voire le dixième, voire le vingtième éditeur qui les achète. Ainsi , si une impression revient, envoyez-la immédiatement, encore et encore. *Ne vous arrêtez pas, vous pourriez le vendre la prochaine fois.* Si c'est une bonne impression, il y a un éditeur quelque part qui l'attend.

LES PRIX PAYÉS

Les photographies d'actualité les plus remarquables jamais réalisées – elles ont été exposées au pôle Sud – ont rapporté 3 000 $ de *Leslie* (maintenant plus publiée) pour « First Rights », et 1 000 $ de plus de l'International Feature Service pour « Second Rights ». Certains photographes ont gagné des centaines de dollars grâce à des clichés chanceux ; une photographie extraordinaire peut rapporter de 25 $ à 100 $; mais le prix moyen payé est de 3,00 $; et, en effet, il y a des éditeurs qui offrent sans rougir aussi peu que dix ou vingt-cinq cents pour les tirages ; et certains qui trouvent impossible, imprudent ou inutile de payer pour des tirages.

Bien que le prix moyen payé ne soit pas étonnant, il s'agit d'un bon retour sur le coût de fabrication ; De plus, les nombreuses opportunités de tirages vendables compensent ce qui manque à chaque chèque. Un photographe éveillé et émouvant ne devrait pas avoir de difficulté à vendre au moins dix tirages par semaine, voire plus, compte tenu du grand nombre de sujets disponibles et de la multitude de magazines.

Les journaux paient leurs tirages en fonction de leur diffusion. Un quotidien à grand tirage paiera plus pour ses photographies qu'un quotidien à faible tirage. Très souvent, les rédacteurs de journaux préfèrent que le photographe de presse envoie une facture pour ses services. Si on vous le demande, n'hésitez pas à exiger un prix qui vous semble tout à fait juste ; mais ne saisissez pas l'opportunité de profiter. Mieux, découvrez le prix demandé par le photographe commercial préféré du journal, et réduisez votre prix en conséquence. C'est du business ; il ne profite pas d'un avantage injuste.

Quel que soit le prix à payer, ne vous opposez pas si vous le jugez trop bas ; acceptez le paiement et recherchez un marché plus rémunérateur la prochaine fois. Cela s'applique aussi bien aux magazines qu'aux journaux.

Les prix payés par les magazines varient également, mais aucune réputation, quelle qu'elle soit, ne paie moins d'un dollar par impression. De nombreux facteurs déterminent le montant du chèque que reçoit le photographe de presse. Le premier est la diffusion de la publication, car sa réserve financière dépend du nombre d'acheteurs. Dans certains cas, la taille de l'impression détermine le prix payé. Ainsi, un magazine paie 1,00 $ pour des tirages d'un format unique et 2,00 $ pour des tirages plus grands. Cependant, rares sont les magazines qui paient en fonction de la taille de l'impression.

Parfois, des retouches doivent être appliquées à une impression afin de la rendre apte à la reproduction ; et comme le service d'un retoucheur coûte cher, une somme est déduite du chèque du photographe pour payer le travail. *Popular Science* est un magazine de cette politique. Le photographe peut éviter de telles déductions sur ses chèques en fournissant des photographies d'une telle qualité qu'elles ne nécessiteront aucune retouche.

Si une photographie est proposée à l'usage exclusif d'un magazine, elle peut rapporter un prix plus élevé que si elle était non exclusive. Ainsi, *Collier's* paie 3,00 $ pour les tirages non exclusifs et 5,00 $ pour les tirages exclusifs. Quelques rares magazines acceptent rarement des imprimés qui ne sont pas exclusifs ; en effet, la non-exclusivité peut être un motif de rejet. Les créateurs de calendriers et de cartes postales n'achètent bien entendu que des droits exclusifs. Un éditeur est toujours plus favorablement enclin à un tirage exclusif qu'à un tirage non exclusif ; et, très souvent, la faveur supplémentaire signifie des dollars supplémentaires au paiement.

L'usage qui est fait d'une impression est également un facteur déterminant en matière de paiement. Un tirage acheté pour être utilisé comme illustration de couverture rapportera un chèque plus important que s'il était utilisé simplement comme une illustration parmi de nombreuses autres. De plus, *Illustrated World* paie 3,00 $ et plus pour les tirages utilisés dans sa section picturale, mais 2,00 $ pour ceux utilisés dans son département mécanique. D'autres magazines ne font pas cette distinction.

Après tout, le prix payé dépend entièrement de l'utilité et de la qualité de l'impression. Si parfois, comme dans le cas du *Ladies' Home Journal* , le paiement est effectué en vue de la réputation du photographe, c'est uniquement parce que les photographes d'actualité expérimentés produisent des tirages d'une qualité moyenne supérieure à ceux des débutants. Mais si un débutant « livre la marchandise », l'éditeur est tout aussi heureux de lui verser le gros chèque qu'il l'est de le payer à n'importe qui d'autre.

Quelques exemples de prix payés seront intéressants. *Collier's* paie 3,00 $ pour les impressions non exclusives et 5,00 $ pour les impressions exclusives, et de 25,00 $ à 100,00 $ la page pour les mises en page (pages). *Illustrated World* paie 3,00 $ pour chaque impression. *Popular Mechanics* paie 3,00 $ et plus, et 25,00 $ par page pour les mises en page. *Popular Science* rembourse au tarif de 3,00$ pour chaque photographie, et parfois plus. Le *Saturday Blade* paie 2,00 $ pour chacun. La Thompson Art Company paie entre 1,00 $ et 5,00 $. Underwood et Underwood paient à partir de 3,00 $ et plus, selon la valeur de l'impression. La Woodman and Teirman Printing Company paie à des taux variant de 5,00 $ à 50,00 $.

"Mais quand est-ce que le paiement est effectué ?" tu demandes. La réponse est : « Soit lors de l'acceptation, soit lors de la publication ».

De loin, la plupart des magazines paient selon le plan le plus souhaitable : dès acceptation. Dès qu'un tel magazine décide qu'une photographie lui est utile, il envoie un chèque à l'expéditeur. Parfois, un reçu est envoyé avec le chèque,

que le destinataire doit signer et retourner ; mais le plus souvent, le chèque lui-même constitue le reçu. Le paiement à l'acceptation est de loin la méthode la plus souhaitable, car avec elle, le travailleur est payé dès que son travail est terminé ; il n'y a pas d'attente de plusieurs semaines ou mois pour le paiement, comme dans le cas des magazines payants à la publication.

Il existe quelques magazines qui attendent que la photographie apparaisse réellement dans les pages de la publication avant d'effectuer le paiement. Dans de tels cas, le photographe n'a d'autre recours que d'attendre que l'éditeur soit prêt à imprimer sa contribution le moment venu.

Dans le cas des magazines payants à la publication, un avis est généralement envoyé indiquant que la photographie a été acceptée pour publication et qu'elle sera payée dès sa publication. Parfois, aucun avis de publication ou d'acceptation n'est donné ; et dans ce cas, le photographe doit scanner chaque numéro de la revue pour retrouver sa contribution au moment de sa parution, ou il doit attendre l'arrivée du chèque attestant de la publication. L'une ou l'autre méthode est incertaine ; mais il n'y a rien d'autre à faire que de le supporter. Certaines publications attendent même un certain temps après la publication avant d'effectuer le paiement, comme dans le cas du *Kansas City Star*, qui paie le 15 du mois suivant la publication, et du *Saturday Blade* qui envoie également tous les chèques le mois suivant la publication. C'est une politique décourageante ; mais comme l'échec finit toujours par arriver, il n'y a pas grand-chose à dire pour le condamner ; le photographe est obligé d'en tirer le meilleur parti.

Le contributeur doit toujours conserver une trace des tirages acceptés et à payer lors de la publication. Autrement, à cause d'un oubli, le chèque pour le matériel publié pourrait ne jamais arriver et le photographe ne pourrait jamais le rater. De plus, un chèque peut arriver de manière inattendue et provenir d'une source oubliée et provoquer une crise d'insuffisance cardiaque.

Le débutant n'atteint pas les prix au sommet d'une montagne, sauf par un coup de chance de temps en temps. Les prix augmentent avec votre expérience et votre réputation.

Le photographe qui développe son « nez pour l'actualité » jusqu'à ce qu'il puisse flairer une photo vendable dans toutes les situations imaginables est le photographe à qui on impose de gros chèques.

Les contrôles vertigineux reviennent au camerist qui, nuit et jour, à travers le soleil et les tempêtes, les tremblements de terre et les cyclones, est toujours « brûlant sur la trace » de la photographie vendable qui est cachée quelque part, où seuls un parfum vif et un grand une certaine quantité de persévérance peut le conduire ; et quand il arrivera, le sujet chantera sincèrement : « Tirez-moi et le monde est à vous ». Il y a assez de ces sujets pour faire honte à la plus grande chorale du monde par son « chant ». Cependant, le photographe doit connaître la bonne musique lorsqu'il l'entend.

PHOTOGRAPHIES D'ART

Une photographie d'art peut être deux choses : une photographie, elle-même artistique ; ou une photographie de quelque chose artistique. Il existe des marchés pour les deux. Les photographies artistiques sont utilisées par les créateurs de calendriers et de cartes postales ; aussi, par les revues photographiques et les revues données aux belles en art ou en littérature. Lorsque vous soumettez de telles photographies à des fabricants de cartes postales et autres, elles doivent être soumises de la manière habituelle.

Les sujets utilisés par les créateurs de cartes et de calendriers sont des paysages intéressants, de magnifiques marines, de jolies filles, des enfants attirants et des animaux, comme chacun le sait. De telles images sont parfois achetées directement – en fait, elles le sont généralement ; mais certaines entreprises paient en fonction de leur valeur, comme l'indique la demande après publication. Ainsi, une entreprise paie sur une base cinquante-cinquante.

Un exemple de belle photographie, illustrant en même temps un sujet inhabituel ou artistique, trouvera généralement un marché dans un magazine photographique, comme *Photo-Era Magazine* ou dans un magazine tel que *Shadowland*. L' *Architectural Record* exige que ses tirages, bien que représentant des sujets architecturaux, soient artistiques et beaux. En effet, il existe un marché si vaste pour les tirages photographiques artistiques de beaux sujets que le photographe est doublement récompensé s'il peut les fournir, ainsi que des photographies d'actualité toutes récentes.

Les photographies artistiques sont imprimées sur du papier sensible d'une surface adaptée à leurs sujets et sont découpées de manière à conserver le bon équilibre de composition ; et ensuite, ils sont montés avec goût.

Des photographies qui ne sont pas elles-mêmes artistiques, mais qui représentent des sujets artistiques, peuvent être préparées comme le sont d'autres photographies destinées à être publiées. Ces photographies représentent des statues, des tableaux, de nouveaux musées d'art, des collections d'art, des peintures, des décorations murales, des dessins et tout ce qui intéresse les artistes. Des documents de ce type sont recherchés par des publications telles que *American Art News*, *Art in America*, *Art and Decoration*, et d'autres qui apprécient le meilleur.

En bref, le photographe peut commercialiser son gibier auprès d'un public plus large s'il parvient à abattre les oiseaux de paradis ainsi que les canards, les oies et les habitants communs des airs.

COMPÉTITIONS

La concurrence est la vie des affaires. Il est donc certain qu'un aspirant aux honneurs des éditeurs ne manque pas de vie. Souvent, cependant, après qu'un tirage s'est révélé indisponible pour publication, lorsqu'il est proposé par le processus habituel, il peut être inscrit à un concours photographique où l'intérêt actuel n'est pas essentiel ; et ainsi, peut-être même, rapporter à la maison un chèque plus important que celui qu'il aurait pu obtenir autrement.

Les deux principales publications photographiques, *Photo-Era Magazine* et *American Photography* , organisent des concours mensuels. Les prix mensuels du concours avancé du *magazine Photo-Era* sont de 10,00 $, 5,00 $ et 2,50 $ en produits photographiques. Bien que l'argent ne soit pas payé, le prix attribué contribuera grandement à obtenir pour le photographe l'appareil souhaité ou à fournir du matériel sensibilisé , des agents de développement, etc., avec lesquels il pourra produire des photographies destinées à d'autres magazines. "Le concours est gratuit et ouvert aux photographes compétents et de bonne réputation, amateurs ou professionnels." L'éditeur du *magazine Photo-Era* attribue des sujets pour chaque mois, comme « Sports d'hiver », « Images de vitesse », etc. Étant donné que le photographe doit de toute façon acheter des fournitures, l'attribution de celles-ci au montant de 10,00 $ constitue une aide considérable.

American Photography organise également des concours photographiques mensuels. Pour ceux-ci, aucun sujet n'est assigné. Les prix pour la classe senior sont de 10,00 $, 5,00 $ et 3,00 $, payés en espèces. "Tout photographe, amateur ou professionnel, peut concourir." Ce magazine a organisé l'année dernière un concours annuel, qu'il entend répéter, avec des prix de 100,00 $, 50,00 $, deux de 25,00 $ et dix de 10,00 $, sans oublier cent abonnements au magazine. Un travail hautement artistique est nécessaire pour être reconnu au concours annuel. *Photo-Era Magazine* et *American Photography fournissent* tous deux des données vierges qui doivent être envoyées avec les inscriptions.

Des concours de photographies amateurs sont également organisés par l' *American Boy* , qui offre des prix mensuels de 5,00 $, 3,00 $ et 1,00 $ pour « les photographies amateurs les plus intéressantes reçues au cours de chaque mois ». Cela en vaut la peine.

Des photographies d'intérêt populaire sont utilisées dans des concours mensuels organisés par de nombreux magazines ; et de nombreux fabricants organisent des concours occasionnels, voire réguliers.

La société Eastman Kodak est probablement la plus grande entreprise à offrir des prix lors de concours. La société Eastman a organisé pendant de nombreuses années un concours annuel avec des milliers de dollars en prix offerts. L'année dernière, elle a opté pour une innovation ; l'organisation d'un concours mensuel avec des prix de 500,00 $. Cette pratique se poursuit depuis de nombreux mois et ne montre aucun signe d'abandon au moment où nous écrivons ces lignes. Des prix sont offerts pour quatre classes de photographies, la classe étant déterminée par l'appareil photo avec lequel la photographie a été réalisée. En tout, vingt prix sont décernés chaque mois, le plus élevé étant de 100,00 $ et le plus bas de 7,00 $. Souvent, une personne remporte deux ou trois prix. Les photographies soumises doivent être de bonne qualité, d'intérêt humain et raconter de préférence une histoire. Aucun sujet n'est défini. En écrivant à l'entreprise, un dépliant est envoyé qui donne le règlement et un formulaire de saisie. Bon nombre de photographes ont fait le ménage dans ces concours.

De temps en temps, différents fabricants et magazines, qui ne le font pas d'habitude, proposent des prix pour les photographies. A chaque occasion, le photographe de presse doit présenter ses tirages, car s'ils remportent un prix, il bénéficie d'une rémunération plus importante ainsi que d'un prestige accru auprès des rédacteurs et des éditeurs.

IMPRESSIONS POUR LA PUBLICITÉ

Les annonceurs qui sont des fabricants sont tous convaincus que le public acheteur est terriblement mal informé des mérites inégalés de leurs produits. Par conséquent, toute preuve photographique de la supériorité de leurs produits qui éclairera le public est accueillie à bras ouverts.

Toute photographie qui montre clairement l'excellent service rendu par un produit apportera le prix du fabricant au photographe. La demande est presque universelle.

Les fabricants d'objectifs d'appareil photo sont continuellement à la recherche de photographies inhabituelles réalisées avec leurs produits. Les sociétés Wollensak , Bausch et Lomb et Goerz achètent fréquemment des négatifs qui représentent de manière vivante certaines caractéristiques de leurs objectifs.

Les fabricants d'obturateurs d'appareils photo achètent également des photographies réalisées avec des appareils photo équipés de leurs obturateurs. Habituellement, le point souligné dans les photos achetées est la capacité des obturateurs à « arrêter le mouvement » à leurs vitesses élevées. Comme les photographes de presse estiment souvent qu'il est nécessaire d'utiliser les expositions les plus courtes fournies par leurs obturateurs, ils devraient avoir dans leurs dossiers négatifs quelque chose que les fabricants d'obturateurs devraient être impatients d'obtenir.

Les fabricants de matériel photographique autre que les objectifs et les obturateurs achètent souvent des exemples de travaux réalisés avec leurs produits. Ainsi, la société Ansco « utilise des photographies de scènes naturelles à des fins publicitaires », les photographies étant réalisées sur film *Ansco et Cyko* . papier ou d'autres produits Ansco. Burke et James, créateurs de *Rexo* appareils photo, "utiliser des photographies à des fins publicitaires qui doivent présenter un intérêt inhabituel et doivent illustrer leurs produits en cours d'utilisation, ou être réalisées avec leurs appareils photo ou leurs films". Dans la mesure où le photographe de presse découvre dans son travail quotidien de nombreuses choses inhabituelles, il ne devrait pas avoir de difficulté à vendre quelques tirages aux fabricants d'appareils photo.

Un annonceur est toujours à la recherche de toute information susceptible de l'aider à vendre son produit. Si, dans votre travail, vous voyez un vieil accumulateur dont l'énergie électrique est encore intacte, ou un pneu bien conservé, ou un blaireau de "forte constitution" non affaibli par beaucoup d'usage, il serait très probablement rentable de le photographier. et décrivez votre découverte à l'entreprise qui fabrique le produit.

Ainsi, une agence d'assurance peut acheter une photographie d'un garage détruit par un incendie, dont les voitures étaient entièrement protégées par son assurance. Un fabricant de coffres-forts appréciera peut-être la photographie d'un de ses coffrets sorti peut-être du même feu, le coffret contenant des papiers de valeur entièrement protégés de la chaleur épouvantable. Les fabricants de machines à écrire portatives achetèrent un jour une photographie d'une de leurs machines tombée d'un avion et qu'il fallut extraire du sol ; mais qui, bien entendu, n'a subi aucun dommage du fait de sa chute et de son ensevelissement. Si vous tombez par hasard sur Irvin Cobb en train d'écrire un chef-d'œuvre avec son stylo plume Neverleek , prenez-le (avec sa permission) et voyez ce que disent les créateurs de Neverleeks . Les fabricants de toitures brevetées utilisent des photographies de toits recouverts de leurs produits ; les fabricants de rouleaux compresseurs veulent des photographies de routes damées par leurs machines ; et ainsi de suite.

Il est plus sage d'écrire d'abord au directeur de la publicité de l'entreprise en question et de lui demander s'il achète des photographies qui montrent clairement les mérites sans précédent de son excellent produit, et si oui, etc., etc.

Certains annonceurs vous demanderont de donner un prix pour votre travail et, dans ce cas, vous devrez juger équitablement de la valeur du tirage pour eux. S'ils exigent également le négatif, augmentez le taux. Toute impression devrait valoir 10,00 $, même pour un petit fabricant, et si elle est acceptable, une plus grande entreprise devrait payer entre 25,00 $ et 1 000,00 $ pour une propagande appropriée. Cette branche de la photographie de presse est peu utilisée par de nombreux travailleurs, mais elle est pourtant rémunératrice.

En plus de fournir au fabricant de la publicité pour son produit, le photographe lui-même fournit également de la publicité selon laquelle "il a livré la marchandise une fois, et pourrait la refaire, alors là".

DROITS D'AUTEUR ET AUTRES DROITS

Si, comme cela arrive souvent, une photographie est utile à plus d'une publication, est-il acceptable de vendre cette photographie à autant de magazines qu'il est possible de l'acheter ?

Lorsqu'une publication imprime une photographie sur ses pages, elle la protège au nom de la société d'édition. Le photographe s'est alors départi de *l'intégralité de ses droits* sur celle-ci, et ne peut la revendre ailleurs, *à moins* qu'une de deux précautions n'ait été prise.

La première précaution est l'inscription au dos de chaque tirage : « First Magazine-Rights Only ». Ces mots « mystiques » signifient que le tirage n'est proposé à la publication qu'une seule fois, après quoi il redevient la propriété du photographe. Autrement dit, le magazine, lorsqu'il achète une telle impression, n'achète que le droit de l'imprimer la première fois. Immédiatement après sa publication, il redevient la propriété du photographe, même s'il ne peut bien entendu revendre "First Rights", pas plus qu'il ne peut revendre le même cheval deux fois en même temps.

Une fois les « premiers droits » vendus, le photographe peut alors vendre les « seconds droits », *à condition que* ces mots soient écrits au dos du deuxième tirage. "Les "seconds droits" sont le droit de publier une photographie dans une autre publication que celle dans laquelle elle est apparue à l'origine." Par exemple : une photographie d'une nouvelle vitrine de magasin peut être acceptable pour *Popular Mechanics* , qui achète un tirage *marqué* « First Magazine-Rights Only ». Mais la même photographie peut aussi être acceptable pour un magazine publicitaire, et ainsi elle achète les « droits du deuxième magazine ». À moins que ces termes ne soient écrits au dos des tirages vendus à plusieurs magazines, des problèmes risquent de survenir.

Un autre moyen par lequel il est possible de vendre une photographie à plus d'une publication consiste à étiqueter *chaque tirage* comme suit : "Non exclusif" ou "Non exclusif". Lorsque cela est fait, la photographie peut être vendue à autant d'éditeurs qui souhaitent l'acheter.

Si aucune mention de droits ou d'exclusivité n'est faite au moment de la vente, on en déduit que l'éditeur achète « Tous les droits ». Dans ce cas, le photographe perd *tous* ses droits sur la photographie ; s'il tente de le revendre sans le consentement de l'éditeur qui l' a acheté en premier , il enfreint les lois sur le droit d'auteur ; en fait, il vend la propriété d'autrui.

Il n'est pas nécessaire d'apposer de telles conditions sur une photographie qui ne peut être vendue qu'à un seul magazine ou qui doit être proposée à un seul magazine. Les magazines sont plus friands de tirages qu'ils peuvent acheter directement et acquérir ainsi « Tous les droits ». En effet, il existe très peu de tirages d'une valeur suffisante pour être vendus à plus d'un magazine.

Nous plongeons maintenant au plus profond des mystères des droits d'auteur. Lorsqu'une impression est protégée par le droit d'auteur , elle reste inaltérablement la propriété de la personne qui l'a protégée *en premier* jusqu'à ce qu'elle signe « Transfert du droit d'auteur ». Une impression protégée par le droit d'auteur peut être publiée dans une douzaine de publications s'ils l'achètent, et elle reste toujours la propriété de celui qui l'a protégée en premier. Les lois sur le droit d'auteur ont été adoptées au profit de ceux qui « favorisent le progrès de la science et des arts utiles ». Cela se fait « en garantissant, pour une durée limitée, aux auteurs et inventeurs le droit exclusif d'utiliser leurs écrits et découvertes respectifs ». En vertu de cette loi, « auteur » inclut les créateurs de photographies et « écrits » inclut les photographies.

Le processus de protection du droit d'auteur d'une photographie n'est pas complexe. Une demande doit être adressée au Registre des droits d'auteur à Washington, DC, pour quelques blancs de droits d'auteur, formulaire J1. (Le formulaire J1 est destiné aux photographies à vendre, J2 aux photographies à ne pas vendre.) Une de ces cartes est ensuite remplie et deux tirages des photographies envoyés avec elle au Bureau du droit d'auteur, ainsi que les frais nécessaires. "La taxe pour l'enregistrement des droits d'auteur... dans le cas de photographies, lorsqu'aucun certificat (de droit d'auteur) n'est exigé, est de cinquante centimes ; pour chaque certificat, cinquante centimes" supplémentaires. Un certificat n'est généralement pas nécessaire et n'est utile qu'en cas de litige sur la propriété du droit d'auteur, etc. Les frais doivent être envoyés uniquement sous la forme d'un mandat au Registre des droits d'auteur et les photographies doivent porter la marque du droit d'auteur. qui est « soit le mot « Copyrighted », soit l'abréviation « Copr ». accompagné du nom du titulaire du droit d'auteur. Dans le cas de photographies, l'avis peut consister en la lettre C entourée d'un cercle , *à condition* que sur une partie accessible de ces copies ... le nom de la personne détenant le droit d'auteur apparaisse. Dès que le Bureau du droit d'auteur reçoit les photographies, l'expéditeur en est informé ; et encore, lorsque le droit d'auteur est accordé, on lui envoie une petite carte qui l'en avise, ou le certificat lui est envoyé s'il en a commandé un. L'impression est alors considérée comme protégée par le droit d'auteur.

Il est inutile de déposer des droits d'auteur, sauf sur les tirages d'une valeur extraordinaire, dont le photographe souhaite conserver à tout prix les droits. Les tirages de qualité moyenne ne sont pas susceptibles d'être volés et leur protection par le droit d'auteur n'est donc pas nécessaire. Si la photographie doit simplement être offerte à deux ou plusieurs publications, il suffit de marquer chaque tirage comme indiqué dans les paragraphes précédents.

Les sociétés d'édition sont des institutions commerciales qui sont nécessairement gérées selon la plus haute éthique. Vendre involontairement à un autre magazine un imprimé acheté en exclusivité par un magazine reviendrait probablement à exiler le travail du photographe de ces magazines particuliers. Le photographe doit se rappeler qu'un tirage de sa réalisation n'est pas sa propriété une fois qu'il a été initialement protégé par un droit d'auteur par quelqu'un d'autre, *à moins* qu'il n'en ait vendu certains droits. Ce n'est rien de moins qu'un vol, faire une copie photographique d'une photographie publiée et la proposer comme originale et inédite. Le photographe ne doit jamais chercher à vendre ce qui n'est pas son propre travail. Mais comme peu de gens en ont envie, insister excessivement sur ce point serait offensant.

"La somme des conseils qui précèdent est que l'auteur (le photographe) doit faire preuve de bon sens dans la gestion de ses droits", déclare J. Berg Esenwein , rédacteur en chef du *Writer's Monthly* , dans l'un de ses livres. « Dans la plupart des cas, il serait préférable de permettre à l'éditeur d'avoir « tous les droits » plutôt que de renoncer à la possibilité d'une vente ; mais presque tous les éditeurs de magazines sont disposés à être raisonnables et accepteront de partager tous les bénéfices futurs qui pourraient en découler. ventes supplémentaires d'un manuscrit (photographie). L'essentiel est que l'auteur et l'éditeur se comprennent clairement, sans que l'auteur perde ses droits, mais sans harceler l'éditeur en faisant des stipulations inutiles sur une question insignifiante.

La loi sur le droit d'auteur doit être strictement respectée lorsque vous tentez de soumettre la même photographie à plusieurs publications ou acheteurs. Si le photographe garde un œil sur les droits qu'il a vendus lorsqu'il encaisse son chèque et se gouverne en conséquence, il naviguera sans problème d'aucune sorte.

ARTICLES SPÉCIAUX ILLUSTRÉS

Il faudrait un géomètre d'une compétence extraordinaire pour marquer la frontière entre les terres des *photographies avec données explicatives* et *des articles illustrés avec photographies* . La ligne de démarcation étant si vague, il n'est pas difficile de passer de l'une à l'autre.

Le passage de la réalisation de photographies à l'écriture de non-fiction n'est pas difficile à faire. Dans ses divagations à la recherche de photographies vendables, le photographe de presse peut dénicher un sujet auquel une seule photographie ne rend pas justice. Ensuite, réaliser davantage de photographies et rédiger un article à leur sujet est la chose logique, progressive et la plus rémunératrice.

En effet, des sujets qui ne se vendraient pas autrement peuvent être rendus très utiles à un éditeur par la rédaction d'un article alléchant autour d'eux. C'est à la fois un moyen d'élargir son marché et de se débarrasser des photographies, par elles-mêmes, invendables. Un article illustré appelle naturellement un chèque plus gros que le texte ou les photographies seuls. Il existe autant de demande d'articles illustrés que de photographies ; de sorte que le photographe capable de raconter des faits de manière simple et claire dispose de deux sources de revenus.

De nombreux articles illustrés vendus aux magazines ne sont que des groupes de photographies sur lesquelles sont écrits des textes intéressants. Une recherche dans quelques magazines révèle une grande variété.

De *la mécanique populaire* :

- La nouvelle route de montagne est désormais ouverte à la circulation.

- Ascenseur public de la Nouvelle-Orléans.

- Le jardin sur le toit artistique comprend la City-Factory.

- Cuiseur à vapeur réparé en dix-huit jours.

- Là où la Terre s'est effondrée.

- Flying Anglers Troll pour les poissons des profondeurs.

- Un pont ferroviaire en béton à quatre voies.

- Des cascades près de la grande ville viennent d'être découvertes.

- Cheminée en béton difficile à démolir.

- Vastes magasins de pigments de peinture minérale à Salton Sea.

Du *Monde Illustré* :

- Que fait le cirque en hiver.

- Neige sur l'Overland Trail.

- La ville à cause des mines de charbon coule lentement.

- Gérer la ferme par Windmill.

- Camion équipé pour scellant de poids et mesures.

- Développement merveilleux dans l'industrie du chanvre.

- Commodités du camp public.

- Garde-boue pour automobiles.

- Travaillez pour les cascades partout.

- Construire la route adaptée à la voiture.

- En route vers les inondations en montagne.

- Piscines et fontaines en béton.

Tiré *du magazine Photo-Era* :

- Enfants dans la neige.

- La lentille quartz-ménisque.

- Introduction des figures dans le travail du paysage.

- Cartes de vœux photographiques.

- Equilibre par les ombres dans la composition picturale.

- Montage et encadrement de photographies.

- Le photographe et un ranch de chèvres.

- Dans l'Atelier de la Nature.

De *Science et Invention* :

- La science mesure l'athlète.

- La plus grande horloge du monde.

- Réalisation de microphotographies.

- Comment sont réalisés les films de dessins animés.

- Un « ciel » miniature.

- Guérir les maux des soldats grâce à l'électricité.

- La plus grande grue électrique lève un remorqueur complet.

- Utilisations hivernales du ventilateur électrique.

- Projecteur italien Monster.

Il s'agit d'articles rédigés autour de plusieurs photographies, et non simplement illustrés par celles-ci. Outre les catégories de magazines mentionnées, il en existe de nombreuses autres (presque toutes les publications utilisant des illustrations) qui sont sur le marché des articles illustrés. Ces magazines s'adressent aux étrangers, aux chasseurs, aux sportifs, aux hommes d'affaires, aux culturistes, aux voyageurs – à presque toutes les catégories de lecteurs.

Ayant produit et vendu des articles écrits autour des illustrations, l'écrivain-photographe ne peut que se faire, de temps en temps, une idée d'un article qu'un magazine voudrait pouvoir illustrer ; mais auquel les illustrations sont complémentaires plutôt que fondamentales. Dans de tels cas, l'écrivain aura plus de chances d'être accepté s'il prend, à l'aide de son appareil photo, plusieurs photographies pour illustrer le texte.

Même si un article est acceptable sans illustrations, il apportera néanmoins un plus gros chèque s'il est illustré. Si le manque d'illustrations rend l'article indisponible, le photographe a alors les moyens de faire croître un chèque là où aucun ne poussait auparavant. Son appareil photo lui est très utile. Il n'y a pas de rédacteur en chef qui préfère un article illustré à un article non illustré – à moins que son magazine ne soit dépourvu d'image à cause de sa politique.

Puis, après avoir imprimé ses photos sans son nom, le photographe s'épanouit en un écrivain dont le travail apparaît sous un titre tel que "" *Comment les fruits sont cultivés sur la lune* ", de John Henry Jones, avec des illustrations de l'auteur."

Bien que le passage de la réalisation de photographies à l'écriture d'un article non-fictionnel soit facile, vous risquez de vous tromper du premier coup. Mais martelez et bientôt le clou s'enfoncera. " Car savoir oui , il n'y a pas un éditeur de magazine dans le secteur qui n'achèterait pas un article de son pire ennemi s'il pensait que c'était une bonne chose pour son magazine.

Le photographe ne doit pas seulement « flairer » l'actualité ; mais il doit, par la sensibilité de son « nez », dire à quel point la nouvelle est susceptible d'être agitée. Il lui sera relativement facile d'écrire des articles spéciaux illustrés alors qu'auparavant il ne vendait que des photographies. Et cette capacité n'est pas loin d'être inférieure à celle des romanciers.

LA GRANDE ROUTE

Pas vraiment une vocation exaltée, la vente de photographies ? Peut-être pas proclamée sur les toits comme une vocation bien rémunérée ; mais qui peut être cultivé dans presque tout ce qui a trait à inciter les éditeurs à émettre des chèques.

Lorsque vous recevez votre premier chèque, votre sensation ressemble à celle de l'homme qui a traversé un cyclone et qui s'en est sorti avec son "flivver" toujours dans la grange. Mais quand la première contribution est *imprimée* ! Le monde vous appartient! Vous avez fait irruption dans l'imprimerie ! Si ce n'est dans les caractères, du moins dans l'encre d'imprimerie.

Lorsque l'excitation s'estompe, de nombreuses branches vous attirent. Le photographe de presse peut se spécialiser ; il peut consacrer tous ses efforts à une branche particulière de son travail, comme la réalisation de photographies de célébrités, de microphotographies, de presque n'importe quoi. En témoigne le photographe amateur qui photographiait discrètement l'intérieur de chaque église de New York et qui en a ensuite « encaissé » la somme de 4 000 $. Vous pourriez même obtenir un poste — ou un emploi — de photographe de presse dans un grand quotidien métropolitain, avec tout le monde devant vous et une partie de celui-ci tombant chaque samedi après-midi dans votre portefeuille.

Ensuite, vous pourriez être envoyé à l'étranger et recevoir de grosses sommes d'argent. Ou vous pouvez consacrer tout votre temps à la réalisation de photographies de calendrier, ou à l'illustration photographique d'histoires, comme c'est la mode actuellement dans certains magazines, voir *True-Story* . Il y a tellement d'opportunités à saisir que si vous regardez autour de vous et sélectionnez le secteur spécialisé dans lequel vous désirez le plus travailler, il n'y a aucune raison au monde pour que vous ne le fassiez pas et, peut-être, n'y gagniez pas 10 000 $ par an. . "Faites une chose mieux que quiconque et le monde se frayera un chemin jusqu'à votre porte."

Après avoir pénétré dans l'encre des imprimantes, il est relativement facile de pénétrer dans les caractères. De la vente de photographies, on peut facilement passer à l'écriture et à l'illustration de non-fiction. Et votre renommée en tant que non-fictionniste, ainsi que la formation que vous avez glanée, peuvent vous amener à transmettre une œuvre de fiction à un éditeur qui connaît votre nom — et voilà ! Des rangs des « tireurs d'élite », vous êtes devenus la classe la plus élevée des scribes : les romanciers à succès.

Et cela non plus n'est pas difficile pour celui qui veut et travaille. "Et travailler. Épelez-le en majuscules, TRAVAIL ", a conseillé Jack London. " Travaillez tout le temps. Découvrez cette terre, cet univers ; cette force et cette matière, et l'esprit qui scintille à travers la force et la matière depuis l'asticot jusqu'à la Divinité. Et par tout cela j'entends travailler pour une philosophie de la vie. cela ne fait pas de mal à quel point votre philosophie de la vie peut être erronée, tant que vous en avez une et que vous la maîtrisez bien... Avec elle, vous pouvez vous attacher à la grandeur et vous asseoir parmi les géants.

Un autre est d'accord : « Poussez de longues inspirations de confiance, de foi en vous-même et en votre travail.... Rayez le « désespoir » de votre dictionnaire ! Installez-vous sur votre chaise ! Faites votre relais ! Soyez aussi idiot que vous le souhaitez. C'est votre privilège et le mien. Vous aurez alors des souvenirs amusants. Aucun grand écrivain ne peut regarder en arrière et dire : « Quel imbécile j'étais ! »"

La réalisation résulte de « dix pour cent d'inspiration et quatre-vingt-dix pour cent de transpiration ». Une quantité généreuse de ce mélange vous amènera sur la Grande Route. La High Road est fluide. Mais n'importe qui peut le parcourir s'il le souhaite – et s'il travaille suffisamment dur. Pas grand-chose, la réalisation et la vente de photographies ? Le début du sentier peut être stérile et peu prometteur ; mais celui qui le suit avec persévérance constatera qu'il s'élargit et s'épanouit soudainement et voilà qu'il s'ouvre complètement sur la Grande Route.

LA FIN

www.ingramcontent.com/pod-product-compliance
Lightning Source LLC
LaVergne TN
LVHW041755190726
843493LV00008B/2636